微博 改變未來

你也可以這樣成功

閆岩 編著

前言

一百四十個字改變未來——我推，我成功！

今天你織「圍脖」（意指圍巾）了嗎？

在全世界的議論中，勃興的微博被評價為「殺傷力最強的輿論載體」。「你的粉絲超過一百，你就好像是本企業內部刊物；超過一千，你就是個布告欄；超過一萬，你就好像是本雜誌；超過十萬，你就是一份地方報；超過一百萬，你就是一份全國性報紙；超過一千萬，你就是地方電視臺；超過一億，你就是CCTV了。」

作為媒體的微博，正深刻地影響和改變著我們的生活，把每個人塑造成為新時代裏的媒體英雄和傳播明星。微博所具有的即時、便捷和強大的互動性，將微博推上最佳傳播工具的寶座。「我推，故我在」成了許多企業微博用戶的網路箴言。

這，也讓我們清楚地認識到，微博，可以為我們帶來更多的成功機會！

微博為什麼廣受歡迎？

首先我們來看看微博到底是個什麼東西？

微博，即MicroBlog，是Web3.0時代新興起的一類開放式網際網路社交服務。國際上最知名的微博網站是推特（Twitter）。目前，推特的獨立訪問用戶已達三千二百萬，谷歌（Google）、HTC、戴爾（DELL）、福斯（Fox）、通用汽車等許多國際知名的個人和組織都在推特上進行行銷和與用戶交流。微博是一個推崇個性、突顯自我、展現智慧的虛擬世界。「脖友」們在網上交流幾乎沒有任何限制，嬉笑怒罵毫無顧忌，可以最大限度地發揮自己的想像力和創造力。「微博」，微網誌，只支援一百四十個字的資訊。用戶可以將自己的感想、現場記

錄、心情隨時隨地表達，並在最快的時間得到關注你的人的回應，達到即時交流的目的，並能鞏固你的社交圈。通俗簡易方便快捷，消息傳播迅速，成了微博之所以被大眾廣泛接受的重要特徵。

有人說，「起床、吃飯、推特」已成為自己的生活寫照，這看似有些誇張，實際上卻是對這種微博的絕佳比喻。

不僅如此，微博正以驚人的速度參與社會公共事務。例如，眾所周知的「美國丹佛飛機脫離跑道事件」、「印度孟買連環恐怖攻擊事件」、「二〇〇八年美國總統大選」、「伊朗大選」、「麥可・傑克森猝逝事件」、「汶川地震」，以及「大Ｓ汪小菲閃婚事件」等，都曾讓微博名噪一時。

微博是個神奇的東西，它可以讓我們與一些看似遙不可及的人零距離接觸，他們從早到晚在哪裏，在做些什麼，過著怎樣的生活，這些我們都可以透過微博來瞭解。你永遠不會落伍，一些熱門的話題，微博總是能第一時間傳達並讓我們參與討論。

如果讓我發一則一百四十字以內的微博來說明「什麼是微博」，那麼我會這樣寫：「微博＝社會化收件箱＋社會化即時通信＋社會化媒體！」

首先，微博是一種「社會化的收件箱」。

作為一種社交和通信工具，微博發揮了傳統電子郵件服務所達不到的作用。微博不僅可以擔負人們和朋友、陌生人之間聯絡、通信的功能，還為這種通信方式注入了社會化的特徵，它用「關注」和「被關注」這種符合社交網路特性的人際關係，取代了以往電子郵件中「發送者」和「接受者」這種單向的資訊傳遞關係。

什麼是「關注」和「被關注」？在微博上，「關注」另一個微博主就可以在自己的微博頁面上，看到該微博主的即時更新，而你自己成為了「被關注」微博主的一名「粉絲」。你對其他微博主的「關注」關係是由你自由選擇決定的，你可以隨時「關注」某一個人，也可以隨時

「取消關注」某一個人。

其次，微博是一種「**社會化即時通信工具**」。

微博有簡便易用的特點，同時還具備非常好的即時性，這使得微博可以充分地滿足關注者和被關注者之間隨時隨地交換資訊的需求。和傳統即時通信工具不同的是，除「私信」外，微微博上的大部分資訊發布，包括轉發和評論，通常並不特定發生在兩個通信對象之間，而是往往同時對其他關注者和網友公開。

最後，微博是一種「**社會化媒體**」。

微博上除「私信」外的所有資訊發布都向關注者以及其他網友公開，這使得微博成為了一種新的媒體，同時又具備社交的特徵。

說它是媒體，是因為它具備了媒體由資訊源向一定數量的受眾傳遞資訊的特性。

說它社會化，一方面是因為它的內容可以由任何社會化的個人自由創建，另一方面是因為它的傳播是基於「關注」和「被關注」的信任鏈，依賴人和人之間的社交關係網絡完成非目標不特定的資訊傳播。

我有一個朋友，她賣保健枕頭、頸椎枕、腰枕等等，商品項目很齊全，品質也不錯，但生意一般，能夠維持生計而已。後來，她開了個網路商店，也花錢在網站上打廣告，可是依然無效。一個月下來，成交量為零。

她問起我怎麼辦之時，我說：「微博。」

首先，我讓她精心設計自己的微博，將頸椎、腰椎、健康等關鍵字設定為標籤，然後再根據這些標籤去一一搜索，這非常有效，因為現在脖子痛、腰痛的人太多了，幾乎人人都為這樣的小病小痛所困擾，她一說自己的症狀，自然引起很多人的關注。

然後，我叫她每天發幾則微博訊息，發些關於自己使用保健枕的心得，還有如何選擇枕頭的經驗，並且貼上一些照片，讓大家看看枕頭外型，品評一下。當然枕頭不是單純的就拍一個枕頭，還得配上碎花的床

品、溫暖的小屋，漸漸地瀏覽的人多了、留言多了，她和關注她的粉絲就有了密切的互動。

最後是標出價格來，當然，價格會預留些空間，有時候枕頭訂的價格略高點，但這價格絕對不會是固定不變的，要讓粉絲們有還價的餘地。有時候，朋友還要寫自己的進貨經歷配上價格，好讓他們覺得，我朋友進價太貴、虧本了。

這樣一來，她的店也就在這些人中有了口碑，業績「成長」得很快，短短半個月的過程，就有粉絲喜歡到她的網店裏訂購枕頭，同時介紹自己的朋友去買。剛開始不過是一兩個的小單，之後逐漸生意好起來了，來自全國各地的訂單讓朋友每天都在發貨，忙得不亦樂乎。

就這麼簡單，這一次推廣行銷基本沒花錢，效果卻比花錢好上百倍。

與網路上其他傳播平臺相比，微博有受眾廣、傳播快、門檻低、多種傳播工具（文字、圖片、影片、聲音、手機、轉發、搜索等）串連在一起的特點。但更值得稱讚的是微博具有的互動特點，並且因為這互動引發的資訊雙向流動。

舉例來說，你可以和店主進行明確問答討論，也可以在微博上詳細瀏覽像我朋友這樣的小賣家在進貨中的辛酸——就好像朋友一樣瞭解對方。

在聊天和資訊提供中，行銷人員很容易與消費者建立長期良好的關係。

微博的誕生，象徵著以廣告為主流的資訊單向流動時代將成為歷史，市場行銷的模式由此將變得更加多元化。

所以說，微博創造了這樣的機會：你再渺小，一樣可以被關注！你再草根，一樣可以成功！

李開復說過「微博改變一切」。的確如此，它不像傳統媒體，也不等同於一般的網路行銷，你或許花了很多錢打廣告，但宣傳效果為零。

微博世界的好處就是，你也許不花一分錢，就能推廣出一個「財富」世界。

我希望每個看這本書的人獲得的，是如何少花錢，卻能獲得大成功。

讓我們一切從頭開始。

目錄
Contents

【上篇・微博改變一切】

無論如何，你必須正視，自己身邊的「微博控」確實在與日俱增，連上個廁所，吃個飯，打個電話都要發則微博報告一下的人屢見不鮮，微博正慢慢侵入我們的生活。

那麼，微博到底帶來了什麼？更完整更快速的人脈？更新的新聞？還是更方便快捷的溝通？

很難想像，最多只能發送一百四十個字的微網誌，竟然引發了一場網誌風暴，甚至成為一種文化現象。

新浪之所能以引爆微博風暴，就在於它進行了一系列殺手級的「微小創新」。

而微博的火熱引發了成功者的新思路——光是「大」是不行的，「微時代」已經到來，「小就是大」，要成功，必須要學會做個「微殺手」！

第三章　新時代預言，微博的未來很「Ｖ５」 60

今天，微博已經用它的神奇魅力，在網際網路上為我們展示了一個嶄新的社會化傳播平臺，為每個普通的網友提供了一個表現自我、傳播資訊、與朋友互動的最好管道。

那麼，對於網際網路產業發展來說，微博意味著什麼？對於利用網際網路宣傳品牌、推銷產品、服務客戶的企業來說，微博意味著什麼？對於千百萬應用開發者來說，微博又意味著什麼？微博的明天將是什麼樣子？

第四章　微博時代的綠色情商 84

只要你註冊了一個微博帳號，你就可以在這個平臺上隨時隨地產生微內容，不管是一個字還是半句話，不管它有沒有資訊內涵，每一則微博都會成為這個平臺上的一個碎片。世界盃舉辦的那些夏夜，僅

新浪微博，每秒鐘可以生產出三千則「觀賽心得」。

【中篇・一四〇個字的成功祕笈】

第一章 天下有了「免費的午餐」.....................106

　　無論你是否介入，微博上每天都有大量的和你相關的對話內容出現，它們是海量的，有的是評論你的行業，有的是評論你的產品。和這些對話內容相對應的是大量聚集在各種微博上的活躍用戶，如果你不及時加入，你就會失去他們，同時失去許多機會。

　　如果你加入了，並且學會了和他們平等對話，他們就會成為你的粉絲，會成為你的宣傳大使。還有很重要的一點，就是他們都是免費的，是無償為你服務的。

第二章 企業微博的蝴蝶效應.....................130

　　挑戰和機遇並存，愈早開通微博，愈有機會在微網誌領域獲得成功！一定要抓住轉瞬即逝的機會，在激烈的就業競爭裏突出重圍！

第三章　掌握天機，青出於藍而勝於藍 157

微博就是用來玩的，它就像一場派對。在這場派對中，沒有主角，沒有配角，人人平等。企業要保持一種「玩」的心態，只有這樣，才能做出特色來。

第四章　微博公關：與「上帝」的溝通天路 175

在絕大多數持有門戶之見的大公司眼裏，即便微博風光無限，但終究是小器物。這些體格巨大的企業不可能像一個無所事事的素人一樣，成天用手機發一些漫無邊際的言論。

然而一個不爭的事實，一句「春節過得好嗎？」比「你打算買多少？」所建構起來的關係，更讓人覺得可靠。

當企業和顧客之間不再是簡單的買賣雙方，而被賦予更豐富的人性化色彩之後，買賣自然會更溫和、更容易。

【下篇・玩轉微博一本通】

第一章 新手入門——從草根到明星的技巧 194

　　微博給每個用戶的機會都是均等的，只要真心投入，每個人都可以成為人氣博主。對微博新手來說，無論是創建高品質內容，還是吸引粉絲的技巧，都可以透過學習、實踐來不斷提高。

第二章 我推故我在——輕鬆擄獲千萬粉絲 220

　　很多人會有這樣的疑問，在微博裏努力運作了幾個月，每天更新，大轉微博，和粉絲互動……很多粉絲已經與他們成為了朋友，但就是沒有產生預期的效果，或者是沒有新的粉絲群，或者是產品無人關注，這是為什麼？

| 第三章 | 標籤和名稱——讓別人找到你，關注你，「粉」你 241

微博的核心概念——讓人們找到你，讓人們關注你、瞭解你。同時，讓人們信賴你！

| 第四章 | 下一個微博名人就是你 254

名人可以透過自己的話題引發熱烈討論，素人也可發表自己真正感興趣或者有思想的言論來引發熱議。

這是無可非議的事實，也許下一個名人就是你！

上 篇
微博改變一切

無論如何，你必須正視，自己身邊的「微博控」確實在與日俱增，連上個廁所，吃個飯，打個電話都要發一條微博報告一下的人屢見不鮮，微博正慢慢侵入我們的生活。

那麼，微博到底帶來了什麼？更完整、更快速的人脈？更新的新聞？還是更方便快捷的溝通？

第一章

微博演義，一百四十個字如何推爆全世界？

推特——最早的微博，最值得挖掘的網路金礦

最早也是最著名的微博，是美國的推特（Twitter）。

二〇一一年三月，推特創始人傑克・多爾西這樣解釋「推特」的意義——「在字典中，推特是小鳥短而微弱的聲音，像是給人們很短的訊息。而且用 T 開頭，是因為最早推特的目標用戶就是使用手機的人們。」

這幾句話大概詮釋了微博的誕生——早期的推特有兩個功能：第一，用戶無須輸入自己的手機號碼，就可免費將自己的最新動態、想法和問題以簡訊的形式發送給個人手機或者個性化網站群；第二，它讓用戶以僅僅七十個字的短文來回答「你在做什麼」的問題。

在最初階段，這項服務只是人們用於向好友的手機發送一些文字訊息。它在很多人眼裏，只不過是一個「專供嘰嘰喳喳的小孩使用的小玩意」。但是在社交活動逐漸密集之後，推特便展現出它的真實力量——

當一位先生，聽到了某個派對的消息時，他便在推特上發布留言；當他親身參與某個活動時，他便會發布與活動人群、音樂以及茶點相關的消息。於是，其他的推客開始共享相同的資訊。

以下是真實的一幕：

當一位年輕女性正沿著人潮湧動的街道趕赴一個派對時，她突然在自己手機上看到了一位已經抵達那裏的朋友發布的一條簡潔的留言：「很無趣。」她放慢了腳步，思忖著怎麼辦；另一些留言證實了這條壞消息。過了一會兒，她的手機螢幕上又出現了一條留言，是一位正在參加另一個派對的人士發布的，留言上說：「這裏空間充足，不僅播放音樂，名流雲集，最重要的是，酒水免費。」

就在她轉換方向之際，街道上發生了奇異的一幕，好像是受到了某位舞蹈指導的暗中指示，幾乎所有正朝著第一個派對方向前行的與會者，同時向後轉。

沒有人預料到推特的群聚力量。推特完全顛覆了傳統的派對宣傳努力，因為「推客」們可以用更快的速度，不費吹灰之力地將與會者從一個派對轉移至另一個派對——也是從那一刻起，人們認識到，由推特引發的口碑效應，決定了社交活動的成敗。

二〇〇八年，「美航墜河事件」的發生，讓人們再次意識到推特還直接提供了大量報紙號外，使得用戶能利用它即時、便利地分享新聞或查詢事實。

「美航墜河事件」過程如下：二〇〇八年，曼哈頓當地時間十二時三十三分，一位名叫「manolantern」的網友發文稱，「我剛看到一架飛機墜入了曼哈頓附近的哈德遜河中」。隨後，回覆的文章不斷。在《紐約時報》網路版發布前十五分鐘，紙張版發布前十五小時，目擊美航一五四九航班墜河的推特用戶不斷即時更新。一位名叫Janis Krums的人在飛機墜河時，碰巧在哈德遜河的渡輪上，他立刻拍下照片並貼到了TwitPic上，並留言說：「哈德遜河上有架飛機，我正在前往救人的

渡輪上，瘋狂中。」

我們可以靜下心想想Krums的所作所為，一架飛機在他面前墜河，在如此的混亂中，他本能地拍下照片並上傳網路，這絕對是不帶賺錢目的或者其他功利色彩的。但如果他將這張照片，出售給報紙等傳統媒體，那麼他勢必會受到很多人的鄙視和唾罵！

所以說，「美航墜河事件」很好地說明了推特所依賴的文化——資訊共享。對推特用戶而言，許多新聞，特別是一些地區性新聞，該網站的反應速度要比新聞網站快，可以說推特是在「演繹現場直播的魅力」。

推特就這樣，成為了網際網路領域的新金礦。正如傑克・多爾西後來評論的：「它滲入了我的工作調度；它滲入了我的醫療器材網路；它滲入了一種建構無摩擦服務市場的思想。在我目光所及的範圍內，它無處不在。這一精彩的抽象概念易於實踐，很好理解。」

業界龍頭的微博之路

推特的巨大成功，在第一時間吸引了中國投資人和創業者的目光。推特這種神奇的微博服務，能在中國扎下根嗎？

二〇〇七年，推特還在竭盡全力網羅用戶，改善用戶體驗的時候，一批中國創業團隊已經著手打造中國人自己的微博網站了。

根據新浪負責微博開發的總經理彭少彬所說，新浪確定推出微博產品是在二〇〇九年五月的成都高級主管會議上。不過，直到七月份，新浪「互動社區事業部」與「桌面產品事業部」合併成為「新浪產品事業部」後，新浪微博的開發才正式宣告啟動。

新浪執行副總裁陳彤在新浪微博業務上線時顯得胸有成竹：「我們看到了成功的可能性。」接著，他又說，「在新浪推出微博之前，中國還沒有一個像樣的微博產品。」如果對比新浪微博後來所取得的成就而

言，這話倒也不假。

在接受一個記者採訪時，陳彤對新浪微博的信心更加堅定了：「新浪在推出微博之前，借助於過去十年做論壇、做新聞和網誌的管理經驗，在技術上和採編流程上也下了很大工夫，我們對資訊發布的審核和管理有一套很成熟的流程，並且根據不同的等級會有相應的應對措施。新浪之所以投身於微博領域，也是源於我們的技術積累和採編經驗。」

以新浪的技術能力，微博顯然是一種比較簡單的產品。在決定進入這個新興行業之後的一個月，新浪微博就開始進行內測了。緊接著，網友被邀請體驗測試版的新浪微博。

新浪制定了非常完善的戰略規畫，並依靠過去多年的累積，在對中國網際網路和言論規則有了成熟掌握之後，尋求到一種介於官方和民間的謹慎接觸點。一方面，微博上的言論要符合中國網際網路的監督下限；另一方面，要滿足用戶對網際網路的遐想上限。

在這個追求強大用戶占有率、豐富營運經驗和資源的時代，唯有業界龍頭能占盡先機。並且，他們知道如何在自由與管制的灰色地帶謹慎行走。

新浪龐大的名人網誌資源也在其微博業務一夜坐大的過程中提供了保駕護航的作用。說到底，名人網誌也是新浪和名人之間的互相合作，以此作為意見領袖與官方審核的一種複雜而謹慎的博弈。名人網誌成功了，看上去，微博只要將這些資源和模式複製過來就大功告成了。

此後的試運行階段，這種「看上去」的想法與實際情況不謀而合。短短兩個月時間，新浪微博的粉絲排行榜第一名被中國知名演員姚晨奪得，此時，她的微博粉絲已接近六十萬。除了名人，草根微博也迅速蔓延，台中女孩蕭姍姍因為第一個記錄下發生在二○○九年底的台中地震而廣受關注，接下去的兩個月間，其微博留言達到了七百條。

知名網路策劃人段中洋為大家解說：「在二○○九年的時候，中國擁有微博的用戶僅僅只有幾百萬；而到了二○一○年，微博開始呈井噴

式的發展，用戶註冊數量大幅度增加，近一億。比較〇九年，增長達到837％。相關部門預測，在二〇一一年年底，中國的微博註冊用戶將達到二億。同時，微博產業在訪客數量上的增長速度也是十分驚人，二〇一〇年全年的成長率達到259.5％，在二〇一〇年十二月企業訪客數突破一億大關。微博產業全年的平均活躍訪客比例為36.33％，訪客黏度（指網路用戶對網站的忠誠度）已遠遠超過了SNS（社交網路服務）類網站。」

微博的火熱讓中國各大門戶網站幾乎同時推出微博產品，新浪、搜狐、騰訊、網易，各入口網站巨頭們都爭搶微博這一塊大餅，這股熱潮與當年網誌興起時相比有過之而無不及。諸多明星、政客、傳統媒體與企業開通微博，數以千萬計的人們開始依賴微博，微博對網際網路輿論格局產生了巨大影響。

有業內人士總結出了它的幾個優點：

一、強烈的互動性。

從網誌的被動關注瀏覽，到微博的主動投送轉發，是一個革命性的變化。網誌相當於公布欄必須走過去看，微博相當於把報紙塞進你家門縫。它使得資訊發布的門檻被大幅降低，每個人都擁有了一支麥克風，只是聽眾有多有少。

二、終端的便捷性。

網誌、論壇都只能以電腦為終端，微博卻可以將手機作為終端，使瀏覽、發送、轉發可以隨時隨地進行，正所謂一機在手，微博無處不在。

三、圍觀的無限性。

以前無論是論壇還是ＱＱ等聊天軟體，圍觀的數量都相對有限，而微博的圍觀數量則趨向無限。一小時甚至半小時，一則微博就可以被轉發上千次，被幾十萬人瀏覽。

微博竄紅的要素——個人、資訊、願望、快速

個人、共享、願望、快速，當這些辭彙聯結在一起，微博的迅速竄紅也就自然而然了。

首先要說的是**作為資訊源的個人**。

與以往所有媒體不同的是，微博大幅度降低了內容創建和資訊發布的門檻。在微博上，人人都是資訊發布者，人人都是廣播員。

傳統的媒體如圖書、雜誌、電影，以及在網際網路的Web1.0時代，媒體傳播是一種單向的關係，因為其內容生產的複雜性，導致只有少數人是內容的生產者，多數人是內容的消費者，這種傳播必然形成一種由中心向四周的傳播途徑。只要想一想寫作和出版一本書的流程有多麼複雜，就不難知道，在傳統媒體時代，一個普通人想讓自己的文字、聲音傳播到千千萬萬人的眼前、耳邊是多麼的困難！

在Web2.0時代，網際網路上出現了以網誌、維基百科等為代表的內容創建工具，任何一個網友都可以輕鬆、自由地創建自己的網誌，維護自己的個人網站，或者在維基類站點上分享自己的知識。這個時候，因為內容生產工具的簡化，一部分消費者開始掌握生產工具，傳播的路徑也從中心化向半中心化或者多中心化演變，傳播的方向則由單向傳播向單向和雙向相結合的方向演變。

但是，即便在這個時候，在網際網路上發布內容也還是需要花費一定的時間和精力，想想也是，哪怕是發布一篇網誌，畢竟也是一篇文章，至少需要構思、收集素材和寫作、編排的時間。另外，發布者也會擔心，自己寫出的一整篇文章，品質是不是夠好，是不是足以獲得他人的認可？無論是從時間還是從篇幅和品質要求等方面而言，Web2.0時代的資訊發布者仍然需要具備一定的素質，並擁有足夠的時間精力，不是人人都可以或願意承擔起發布信息的職責的。

但到了微博時代，一切都不一樣了！網誌內容的生產簡化到了不能

再簡單的地步：只需寫一句話，一百四十個字以內，也許費不了三十秒鐘，你就創建了一條內容。對於內容的品質和傳播的效果，也不用太過擔心，畢竟只是很短的一句話嘛，就像聊天一樣，誰會在意閒聊裏的一句話是不是符合書面語的語法要求，是不是有著很強的邏輯性？人們可以隨時隨地，在電腦上，在手機上，在iPad上創建並發布資訊內容。因為簡單，所以深入人心，所以人人都是發布者！

總之，微博的簡便性和手機等設備的移動性、即時性相結合，讓資訊發布的過程變得不費吹灰之力。這時，還有誰會按捺心頭的表現欲，還有誰會在發現第一手消息時不首先想到微博呢？

其次要說的是**共享**。

若干素昧平生、行動力十足的中國網友，已經透過沸騰十五年的網際網路社群傳達了他們非凡的公民觀點。現在，微博的出現給予這些人更大的平臺，第一時間在微博上發布第一手的資訊，對突發事件進行「現場直播」。

更令人振奮的是，這個平臺可能還在擴展。如同網際網路剛剛誕生之際，有一種很有意思的預測，我們將來每個人每天選擇資訊源的方式，或者說每天的閱讀習慣，會是一個電視，二三張報紙，四五個網站，七八個網誌，十幾個微博。

為什麼是「十幾個微博」？因為比較其他媒體，微博的即時性和現場感無疑是最強的。由此也就自然造就了每個人都可以作為一個資訊源，隨時地進行資訊共享。

這種共享意味著，你和任意一個推客之間都存在某種聯繫，你們生活在一個不受時空限制的共同世界中，微網誌可以回答諸如「你在做什麼」之類的問題。這是一個很好的隱喻：你可以和別人保持聯繫，但這種聯繫不是點對點的，而是蔓延擴張的。也就是說，你想要獲取的資訊在你隨心所欲的「追隨」之後就能獲得。

看下面兩個例子。

　　湖南吉首發生了一起群眾事件，坊間傳言沸沸揚揚。被報社派去現場採訪的記者譚翊飛在趕到吉首的第一時間發了一則微博：「我現在在吉首，剛剛從外面回來，武警封城是謠言。」

　　第二天，憤怒的民眾將鐵路和公車站圍了個水泄不通。譚翊飛親臨現場，他沒有用攝影器材和麥克風，只是拿著手機發了第二則微博：「吉首火車站人群聚集，員警已經出動，料形勢不妙。」

　　直到事件平息，網路媒體才有了更詳細的系列報導，但網友們早已透過微博知曉了事件的整個過程。這就是微博推客的資訊快速傳遞效應。

　　二〇〇九年初秋，中國大陸六十年國慶在即，有人發送了一則微博：「剛才，北京大柵欄步行街，一男子持刀砍人。」

　　在籌備「國慶」的特殊時期，這起事件立刻引起了很多推客的關注。這則簡單的微博被迅速傳播。接著，事發現場的目擊者發來了更多關於此事的描述。透過無數推客的共享，事件的輪廓在很短時間內就顯現釐清。

　　一個公車乘客發布資訊說：「警車開來好幾輛。」

　　一個路人則提供了傷者的資訊：「被砍的有三個小保安，救護車還沒到。」

　　接著有人看到了救護車：「傷患被送到附近的北京友誼醫院、宣武醫院、天壇醫院和北京醫院等進行救治。」

　　甚至有人看到了有哪些官員趕到了現場負責指揮。

　　更多的消息還在被發布，直到當晚九點鐘，官方發布通告：兇手已經被捕。

　　可以想像，類似事件如果發生在更早的時候，資訊是不會在如此廣的範圍內引發關注，更不會以這麼快的速度被眾人分享。

最重要的一點是,這些人彼此陌路,卻為了一條有價值的資訊彼此分享。舉手之勞,即可在最短的時間內得出一個完整的事實。

中國房地產界的行銷高手潘石屹,對自己擁有微博產生了一種時代的幸福感,「有一天,我跟一些人大代表和政協委員一起吃飯,他們一般不怎麼上網,也沒什麼人有微博。我跟他們說,你們在會上的講話,五分鐘之內全中國就知道了,微博的轉發是非常快的。他們聽完後也嚇一跳。如果是報紙、電視的話,回去還得編輯,領導還要審,而微博直接就出來了」。

再次說的是**願望**。

這裏說的願望,是一種潛在的滿足感。不知道大家是否注意到,在微博平臺上,有一類草根帳號特別受歡迎。在新浪微博人氣排行榜上,「冷笑話精選」、「精彩語錄」、「我們愛講冷笑話」等帳號的粉絲人數都有一兩百萬,無數微博粉絲以讀冷笑話、轉冷笑話作為自己的主要網上娛樂。

如果我打算有兩個小孩,三十歲前生完,小孩相差三歲,那我二十七歲就得生第一個,二十六歲就得懷孕。想懷孕之前二人世界兩年,那我二十四歲就得結婚。想訂婚後、見家長、旅行,準備婚禮用一年時間,那二十三歲就得訂婚。訂婚之前至少也要約會兩年,那二十一歲就要遇到這個人。正式約會前至少也得先做一年朋友,那我現在應該已經找到這個人了……

很久很久以前,有一隻流浪的小狗為了維持生命在街上四處尋找食物,穿越了無數的城市走遍了大街小巷,最後牠來到了一個沙漠前,牠想穿越沙漠於是牠就走啊走,走啊走,累得口乾舌燥。最後,牠終於躺下了說了一句話:我怎麼累得跟狗一樣?

　　如果是在傳統媒體時代，一份期刊雜誌或者報紙，能刊登這些生活中尋常可見但又難登大雅之堂的內容嗎？而上面這些冷笑話的原創或改編者，如果沒有微博，他們還能找到這麼有魔力的發布平臺嗎？

　　在微博時代，人人都是作家。用不著人人都長篇大論，用不著健談，用不著儒雅，只要有話想說，哪怕是無聊的自言自語，哪怕是隨意的調侃，都可以成為微博的內容。

　　在看了馮小剛執導的電影《非誠勿擾II》之後，微博上的網友們發起了改編電影裏經典臺詞的熱潮。電影裏的詩朗誦「你愛，或者不愛我，愛就在那裏，不增，不減」被改出了許多無厘頭的版本。在瘋狂的草根網友大聯歡中，下面這樣僅僅具有冷笑話意味的微博內容也能成為發布和傳播的重要組成部分：

　　你看／或者不看書／分數就在那裏／不增不減
　　你開／或者不開卷／態度就在那裏／不緊不慢
　　你被當／或者不被當／命運就在那裏／不悲不喜

　　此時，不存在什麼資訊傳播的中心，也沒有什麼純粹單向的資訊交流，人們在去中心化的傳播網路中，自由地創建內容，完成雙向或多向的溝通。只要你的粉絲數量足夠多，你就可以像記者那樣發表稿件，像作家那樣發表小說，像畫家那樣發表畫作，像分析家那樣對經濟形勢比手畫腳。微博作為一種媒體帶給每個資訊發布者的，不僅僅是方便，還有強烈的自我滿足感！

　　最後，說的是**快速**。

　　在沒有微博的時代，如果我們在旅行中看到了一件新鮮事，能做的充其量也就是用手中的相機把場景拍下來。然後，回到家，用電腦像記日記一樣，把看到的、聽到的事情記下來。接下來，才是打開自己的

網誌頁面，把自己寫的文字、拍的照片小心地上傳並編輯整理成一篇完整的網誌文章。不是每個人都有耐心把每一件新鮮事都記錄下來的，況且，即便記錄下來，發布出去，你發布的內容也可能因為早已過了時效，而成為「舊聞」了。

反之，在微博時代，一方面因為手機成了隨時隨地可以發布資訊的方便工具，另一方面，因為微博提供了最快速、便捷的發布平臺，我們幾乎可以在第一時間，把生活中遇到的新鮮事發布到微博上。

李開復——香港機場一景：超大行李一包包都是從深圳運去非洲的手機。

歌壇天后王菲在二〇一〇年十一月五日北京演唱會的現場換裝期間，透過新浪微博的「馬甲」（Veggieg，指偽裝的身分）發出微博——空中的朋友，你們好不？

事後大陸演員姚晨爆料說，Veggieg造型師Zing向我們「控訴」：我快瘋了，整個換妝時間就三十秒，阿菲竟然還能抽空發微博，嘴裏還自言自語，咦，為什麼發不上去？為什麼啊？

這讓人們見識到了隨時隨地用手機發微博的最高境界。微博給了人們一個更簡單、更快速的資訊發布平臺，在微博這個新媒體上，內容的差異程度也遠遠超過其他媒體。正因為如此，微博上每個人都有可能成為一個成功的「媒體」，每個人都是發布的主導者，都有可能影響一大批受眾。

就像傳統媒體可以幫助企業宣傳和行銷企業品牌那樣，微博讓每個人都有了成為「媒體」的可能，讓我們可以發布資訊，行銷自己，因此微博成為有史以來第一個人人都可以掌控的品牌行銷工具。

微博外交——各國元首之間互「粉」

據美國《華爾街日報》近日報導，目前使用微博的元首人數達六十多位，「微博外交」一詞應運而生。

面對微博來襲，領袖們也「瘋狂」，推特還為此統計了領袖們的微博排名。

美國總統歐巴馬——「人氣王」

二○一○年十月，推特網站推出各國元首微博人氣排行榜，歐巴馬的微博以四百多萬粉絲高居榜首，堪稱元首微博的「人氣王」。而如今，歐巴馬的粉絲已經增加到六百二十萬之多。

有網友說，看歐巴馬的微博如同聽他的演講，煽情的「口號」式用語盡顯雄心勃勃的領導者風範。

俄總統麥維德夫——「溝通王」

滑雪愛好者、俄羅斯總統麥維德夫透過微博獲得了一個「重量級」滑雪新玩伴——剛剛卸任加州州長的阿諾史瓦辛格。當他用微博祝賀阿諾史瓦辛格卸任後，對方隨後發來提議一起滑雪的訊息。

自二○一○年六月開通微博後，類似這樣的溝通已成為麥維德夫工作方式的一種。麥維德夫不僅利用微博不斷擴大自己的交往圈子，還讓微博成為批評俄羅斯政府官員、敦促他們及時改進，又給對方「留足面子」的一個重要方式。比如，在二○一○年七月的一次會議批評官員後，他又在微博上說：「非常遺憾，這樣工作行不通。」

另外，麥維德夫還在微博上時而評論一下歐洲盃預選賽，時而貼一張英國歌手在莫斯科演唱會上的照片。

英首相卡麥隆——「話題王」

卡麥隆在二○一○年的微博人氣榜上排名第二。二○一○年八月，一家調查機構列出了在推特網上英國用戶最關注的四十個政治話題，英

國首相卡麥隆榮膺榜首,成為英國用戶討論的「話題王」。「在網上,與英國政府有關的所有事務中,有相當大比例的資訊都集中在首相(卡麥隆)身上⋯⋯英國石油公司漏油事件、阿富汗和伊拉克戰爭、削減財政開支都是最受關注的話題。」

而被媒體稱為「微博控」的卡麥隆深諳微博的力量。卡麥隆二〇一一年一月發布的一則微博,引來不少媒體和粉絲分析首相的用意。這條微博的內容為:「英國的經濟二〇一〇年有所好轉,二〇一一年絕對不樂觀。」分析師認為,用微博發表對新一年的工作展望,肯定比規規矩矩的記者會好得多。

委總統查維茲──「更新王」

委內瑞拉總統查維茲的文風跟歐巴馬相近,他在第一則微博中寫道:「借微博反擊政敵!」此論一出,立即引來眾多粉絲圍觀。

查維茲在現實中喜歡對著鏡頭向政敵「開炮」,在微博裏照樣不失「毒舌」風範。另外,在全球元首微博排行榜中,查維茲憑每隔幾分鐘的更新速度被稱為「更新王」。

德總理梅克爾──「嘮叨王」

被冠以「鐵娘子」稱號的梅克爾,在微博中流露的多是一個「溫情生活」的女人形象。她的微博中不乏這樣生活化的資訊:「今天我買了烤箱的燃料」,「今天我很累,總是如此」,「賣雞蛋的來按門鈴了」。這讓人覺得她和家庭主婦沒什麼兩樣,所以也被一些人稱為「嘮嘮叨叨的家庭主婦」。

當然其中也不乏一些勵志宣言,如「不能被『維基解密』擊敗!」等,提醒著人們她是一個政治家。

各國元首之間互「粉」

以前各國領袖們互相通話要用專線電話,現在大家在微博裏互加好友。網友們很樂於八卦哪位元首和哪位元首彼此成了好友。例如歐巴

馬和麥維德夫彼此是粉絲。此外，麥維德夫的微博和歐巴馬的微博都關注了英國首相卡麥隆。這三位領導人因此能直接進行秘密外交，就像歐巴馬最近開玩笑所說：「白宮的紅色電話（供各國領導人直接通話的電話）已經很長時間沒響過了。」

另外，羅塞芙當選巴西總統後，麥維德夫和墨西哥總統卡爾德隆都用微博給她發了祝賀的話，查維茲在微博上把她加入了關注名單。不管現實中國家利益衝突如何，在網路世界裏政要們互加好友，則是表現出熱絡、開放的外交姿態。

這種互動當然不僅只是形式上的更新，在影響政府工作方式方面也卓有成效。

在歐洲，很多政府公共機構已經將推特作為一種公共服務資訊的發布平臺，比如每天的渡輪和火車時刻表。

一些負責受理民眾質詢的公關部門官員發現，推特讓他們的工作變得更加簡單有效了。在美國的一座中等城市，工作人員不僅要發布各種誤點資訊，還要作出合理的解釋。而用推特除了可以隨時發布交通資訊之外，只需要在資訊後面加上一則留言，解釋一下市民之前或許並不知曉的誤點原因，就可以化解他們的憤怒。

其實，最適合使用微博來獲取民意、回應民意的政府部門不外乎如下幾類：

第一，需要與公眾頻繁接觸的發言部門，如重要事務的新聞發言部門；

第二，公共事件緊急處理部門，如衛生部門的疫情公告；

第三，重大政策制定部門，處理關乎民生的政策；

第四，公共服務部門，隨時更新服務資訊。

民意乾坤——社會責任感、愛心關注、社會監督

中國國家主席胡錦濤在二〇一〇年二月二十一日，成為「人民微博的會員」。國家主席都有了微博，這對於中國政界無疑是一種信號。

當下最流行的中國職能部門的微博當然要數「公安微博」了。「平安肇慶」無疑是第一個敢吃螃蟹的人。而這個看似平凡普通的「公安微博」卻是直接面對大眾，旨在有效為民服務的一次有益嘗試。它有利於與民眾溝通情感，增加民眾對公安機關的信任與支持。

二〇一〇年「11‧23女童浮屍案」之所以會以最短的時間成功告破，不得不說是微博的功勞。二〇一〇年十一月二十三日深夜，廈門公安在其官方微博「廈門警方線上」發出了一則「懸賞通告」，警方在微博中貼出了被害小女孩的照片以及裝小女孩屍體的編織袋條碼，懸賞五千元人民幣徵求線索。一場關於正義以及為了尊重生命而戰的「微博式破案」隨即在網上展開。

令廈門警方意想不到的是，尋找線索的微博發布以後，得到了廣大網友的積極回應，網友們對小女孩的遭遇深表同情，對兇手的殘忍行為憤憤不已。許多網友在網上呼籲：「轉發起來，找到兇手！」、「讓暴徒無處藏身！」消息一傳十、十傳百，幾天時間內微博就被轉發近萬次，回覆數千則。

在微博上尋找線索比起辦案民警在外面毫無頭緒的調查容易多了。看到通告的網友們到處尋找、提供各種線索，民警立即組織精兵強將，徹底搜查網友們所提供的線索。

網友們不但努力幫忙提供線索，有的網友還很熱心地當上了「福爾摩斯」，幫民警分析起了案情。有位叫「易天」的網友說：小女孩身上那些青一塊紫一塊的傷疤，很可能是受到虐待留下的，這些傷疤是日積月累形成的，他覺得犯罪嫌疑人一定是小女孩的父母或者監護人。民警看後覺得這位網友分析得很有道理，在沒有破案之前推理是存在的，而

且小女孩的父母殺了小女孩的可能性很大。因為女孩死去這麼多天了，她的父母既沒有來認領屍體也沒有到公安局報案，所以家長的嫌疑是不能排除的。現在最重要的是儘快找到孩子的監護人，時間拖得愈久對辦案就愈不利。

民警曾雷曾將包裹屍體的編織袋條碼公布到微博中，希望網友能夠幫忙提供線索，看是哪家商店賣的，從而縮小偵查範圍。一位叫「金僕姑」的網友看到編織袋條碼後回覆說，這個編織袋很可能是街邊小販手裏人民幣五元左右隨便編個條碼拿著賣的雜牌貨。他建議警方可以到廈門的各個低檔貨品批發市場去看看。

然而，從編織袋入手的線索很快就斷了，警方調查發現廈門的批發市場賣這種雜牌編織袋的商家實在太多了。

十一月二十七日，警方將島內進行徹底逐一審查後，基本排除了犯罪人在島內作案的嫌疑，下一步的調查方向卻令專案組感到苦惱，因為沒有確切的證據來劃定調查方向。

正當警方焦頭爛額時，有位網友稱在廈門市集美區一帶看見過有人銷售類似包裹女孩屍體的編織袋。這位網友所提供的線索猶如一場及時雨，專案組根據網友提供的資訊馬上組織警力將所有的工作重心向集美方向延伸並對集美地區展開重點盤查。在集美警方的幫助下，專案組再次開始每村每戶張貼懸賞通告並進行走訪調查。經過一系列盤查，警方證實集美地區確實有包裹女孩屍體的那種編織袋銷售，這個重大發現讓辦案民警看到了破案的曙光，重新振作起了精神。

十一月二十九日，正是案情峰迴路轉的一天。這天，專案組接到一條重要線索，一位網友看見微博中小女孩的照片後，覺得很像自己以前鄰居鄭浩家的小孩，而他所居住的地方正是在集美區。得到這個重大線索後，專案組立即派民警前往調查。

專案組到集美區調查走訪後，得知鄭浩已於二十七日和妻子趙燕離開廈門回江西老家。據瞭解，鄭浩之前在集美區一家工廠打工，還是一

個課長，二十六日突然辭職回家了。警方又找到鄭浩的父母，當民警將小女孩的照片拿給他們確認時，他們一眼就認出小女孩就是自己的孫女鄭小敏。但他們告訴民警，鄭小敏確實已經失蹤十多天了，不過是被人口販子拐走的，兩老怕問起孫女的事讓兒子兒媳傷心，就不敢多問，所以具體是怎麼一回事他們也不太清楚。專案組覺得鄭浩和趙燕有重大作案嫌疑。

十一月二十九日十六時五十七分，廈門警方在微博上發布了此案的重大案情進展：專案組人員正搭機前往江西。

專案組人員趕到了鄭浩的老家——江西省金溪縣左坊鎮。在當地警方的協助下，專案組民警很快將鄭浩和趙燕逮捕。經審問後，於十一月二十九日夜間十一時十九分，微博上再一次更新小女孩案情進展：小女孩被害案的兩名犯罪嫌疑人已被收押。

消息發布後，微博上一下子沸騰了，網友們對專案組人員的辦案能力大加讚揚，也為小女孩終於能夠在天堂安息而感到高興。正是由於警方借助了微博這個新興、強大的力量才最終讓惡人無處遁形。

關注就是力量。微博為普通網友關注身邊的焦點事件，參與焦點新聞的傳播，乃至直接向事件中的受害者伸出援手，提供了媒體平臺。

微博平臺所體現的是勢不可擋的民意力量。在社會責任感、愛心關注、社會監督等方面，普通公民憑藉微博平臺，也可以出一分力，發出一點聲音。

TIPS：如果他們也有微博

如果他們那個時代也有微博，他們一定會是微博上的紅人。因為他們言簡意賅，直指人心。

卡薩諾瓦：人們通常都死在常識上面，一次浪費一個機會。生活就是這一個機會，沒有後來，所以，讓你的生命之火永遠閃耀著最燦爛的

火花吧。

達利：我熱愛生活熱愛到有失體面的地步。

夢露：我對金錢並不感興趣，我只是想過得十分愉快。

尼采：人要麼永不作夢，要麼夢得有趣；人也必須學會清醒，要麼永不清醒，要麼清醒得有趣。

約翰・堂恩：每個人都不是一座孤島。一個人必須是這世界上最堅固的島嶼，然後才能成為大陸的一部分。

泰戈爾：向前走吧，沿著你的道路，鮮花將不斷開放。

沙特：行動吧，在行動的過程中就形成了自身。人是自己行動的結果，此外什麼都不是。

懷特：我的生活主題是，面對複雜，保持歡喜。

莒哈絲：愛之於我，不是肌膚之親，不是一蔬一飯，它是一種不死的欲望，是疲憊生活中的英雄夢想。

梵谷：我要長久地、聚精會神地幹，許多別人所關心的事，對我不起作用。即使我失敗了，我也要在我的身後到處留下記號。

巴斯卡：人類不快樂的唯一原因是他不知道如何安靜地待在房間裏。

莎士比亞：多聽，少說，接受每一個人的責難，但是保留你的最終裁決。

弘一大師：物忌全勝，事忌全美，人忌全盛。

林語堂：我們對於人生可以抱著比較輕快隨便的態度：我們不是這個塵世的永久房客，而是過路的旅客。

徐志摩：我是極空洞的窮人，我也是一個極充實的富人——我有的只有愛。

張愛玲：人生最大的幸福，是發現自己愛的人正好也愛著自己。

張國榮：離開書店的時候，我留下了一把傘，希望拿了它回家的人，是你。

　　魯迅：人生的第一要義便是生活，人必須生活著，愛才有所附麗。

　　沈從文：我這一輩子，走過許多地方的路，行過許多地方的橋，看過許多次數的雲，喝過許多種類的酒，卻只愛過一個正當最好年齡的人。

　　卡夫卡：心臟是一座有兩間臥室的房子，一間住著痛苦，一間住著歡樂，人不能笑得太響，否則笑聲會吵醒隔壁房間的痛苦。

　　柏拉圖：人生的苦悶有二，一是欲望得不到滿足，二是他得到了滿足。

很難想像，最多只能發送一百四十個字的微網誌，竟然引發了一場網誌風暴，甚至成為一種文化現象。

新浪之所以引爆微博風暴，就在於它進行了一系列殺手級的「微小創新」。

而微博的火熱引發了成功者的新思路──光是「大」是不行的，「微時代」已經到來，「小就是大」，要成功，必須要學會做個「微殺手」！

第二章

「小就是大」──微博時代的成功新思路

二〇〇九年八月二十七日，下午三點十一分，明星經理人李開復說：「祝賀新浪微網誌上線。」

二〇〇九年九月一日，下午三點三十四分，明星姚晨說：「支持朋友的新店『樂寵』，一起善待小動物。」

二〇〇九年十一月三日，下午一點二十四分，明星趙薇說：「正在五樓樂福餐廳跟吳老師學習使用圍脖。希望我的圍脖熱情可以保持長久。」

這是三個人註冊新浪微博後的第一句話，他們是新浪微博人氣關注榜的前三位，擁有百萬級粉絲。

很難想像，一種最多只能發送一百四十個字的微網誌，竟然引發了一場網誌風暴，甚至成為一種文化現象。

新浪之所以引爆微博風暴，就在於它進行了一系列殺手級的「微小創新」。

其中一個重要的小創新是名人微博——吸引名人、明星開微博，使名人八卦一度成為關注焦點。比如，二〇〇九年九月，李開復離職谷歌一事成為關注焦點，李開復在微博裏不時公布自己的最新狀態，給微博的成功造就第一波熱潮。

第二個微小創新是對於一些已經經過驗證的名人網誌，在網誌名字後面加「Ｖ」。

不要小看這個「Ｖ」，它使得微博成為一個更具可信力的平臺。過去，網上的交流方式都是基於這樣一種邏輯：在網上，沒人知道你是誰。造成該想法的原因之一是身分驗證很難實現。新浪微博透過加「Ｖ」這種人工驗證的笨辦法，巧妙地克服了這個難題。

第三，對用戶體驗深度觀察。作為中國網際網路門戶的老大哥，新浪並不強在技術，而是強在用戶體驗創新上。比如，新浪的用戶體驗部曾就一個微小細節進行過研究——網頁文字大小和行間距，他們發現：

網易：比較而言，網易全站的文字鏈間距相對比較有規範，十四級黑色文字鏈間距為23px（畫素），十二級藍色（或黑色）文字鏈間距為20px，不設底線。

和訊：和訊全站的文字鏈間距也比較有規範，除了首頁外，其他重要二級聯結都採用十四級黑色間距為24px（畫素）、十二級藍色（或灰色）間距22px的文字鏈規範，整體感覺比較清晰、整齊。

搜狐：搜狐各頁面行距並不統一，在底線的使用上沒有統一化，除首頁聯結統一使用底線外，其他有底線的頁面中通常採用大字有底線，而小字沒有的形式，這種方法的使用能比較好地表現重點，值得借鑒。

淘寶：淘寶在文字行距的處理上，相較於各大入口網站並不講究，尤其一些細節的列表部分處理得不好，導致頁面看起來並不規律、整齊。

統計來看，十四級文字鏈的間距一般在23px至28px之間，十二級文字鏈一般在19px至22px之間，兩種頁面呈現的效果有較大區別。哪

種間距最利於閱讀？是否受其他因素影響？

如果說新浪微博掀起了一場風暴，那麼，這場風暴之源則是眾多的「微創新」。

 「微殺手」來襲，新一代新思路

一九九四年九月的一個夜晚，「愛沙尼亞」號客輪正在橫渡波羅的海。意外發生了，海水拍斷了艙門，洶湧而入。一個叫保爾的年輕人在睡夢中驚醒，他發現酒吧裏的桌椅四處擺動，船體明顯傾斜。保爾本以為人們會像電影裏那樣，在災難發生之際四散奔逃，然而事實上，他所遇見的大部分乘客不知所措，呆立在原地。保爾說：「他們愣在那裏，也許在等待別人告訴他們應該怎麼辦。」

在災難中，如果危險的信號不是過於緊急，或者以離散狀態出現時，人們的神經系統就會短暫失靈，身體不聽使喚，機械地循規蹈矩。

商業的變革，其實非常類似一場大災難的來臨，環境會不斷釋放出關於改變契機的信號，但不幸的是，這些信號會讓大多數人無動於衷。

如果企業的領袖也如此麻木，那麼這家企業的前途將禍福難料。

而微博就是這個信號。

微博傳達出的那些看似虛擬而零散的資訊片段，關注與被關注之間變換的互動模式，以及耗時幾分鐘即可橫跨地球的驚人傳播速度，正在真切地對現實商業世界產生影響。

「用一百四十個字改變世界」，是傑克・多爾西在創立推特時的豪言壯語，他對微博所能引發的改變毫不懷疑。僅僅兩年之後，推特從默默無聞的小玩意變成了Web2.0世界最耀眼的明星。

在資訊傳播方面，微博已經顯示了這種能力。足夠多的事例可以說明，它在商業方面也將引發令人震撼的變化！

除了微博本身的商業模式正在浮出水面，由微博激發的商業思路也

令人耳目一新。

二〇〇九年八月，美國最年輕的著名時尚博主泰薇‧蓋文森（Tavi Gevinson）和貝嫂維多利亞、時尚天后瑪丹娜坐在一起觀看了馬克‧賈各（Marc Jacobs）二〇一〇年春夏時裝秀。接著，泰薇又出現在山本耀司、亞歷山大‧麥昆（Alexander McQueen）等時尚大師發表會的前排。熟悉這則新聞的人都知道其背後的噱頭：泰薇‧蓋文森是一個只有十四歲的美國小女生。她受到時尚界的關注是因為其個人時尚網誌在網路上的風行。

這個圈子裏，類似的故事不在少數。二〇〇九年，Gucci曾邀請Style bubble和Fashion is Spinach兩個著名網誌的作者參加其紐約時裝秀。

對於商業有巨大影響力並不是網誌獨有的功能，微博的出現讓這場商業變革更加激烈。根據《每日郵報》的報導，女星金‧卡戴珊（Kim Kardashian）無疑是利用微博賺錢最多的人，她每發布一則推特消息可以獲得一萬美元的收入，前提是在消息中需要提及幾個品牌的名字。

這種新思路很快就被移植到中國。對於商業品牌而言，他們需要在這個新興的奢侈品、時尚產品消費大國找到代言人。然而不幸的是，目前為止，在中國並沒有如此有影響力的時尚博主。香奈爾在中國上海舉辦時裝秀之前，某入口網站的女性頻道編輯曾經努力在網站的網誌和微網誌中尋覓這種有領袖效力的博主，卻發現該事難於登天。在西方成熟應用並行之有效的微博商業手段，在中國似乎還一片蒼涼。

這只是一個簡單的例子，微博對商業所能引起的變革和影響絕不僅限於此。

推特相關負責人宣稱，將發布廣告平臺的消息。根據介紹，推特將採用與搜索引擎類似的手段，以在搜索結果中顯示廣告的方式獲取商業利潤。比如，用戶在搜索關鍵字為「手機」的搜索結果中可能顯示諾基亞的置頂廣告。

這種微博廣告的形式和微博資訊一樣，長度不會超過一百四十個字，並透過圖片、視訊以及第三方下載控制項進行顯示。

此外，直接顯現商業新變革的事情是：推特早就開發了「品牌頻道」。企業可以在推特構建品牌頁面，同時組建多種品牌小組，使同一品牌的粉絲能夠聚合在一起。這一模式在中國也得到了改良，各大入口推出的企業微博就是類似的產品。

企業透過這一平臺，向自己的潛在用戶傳播產品資訊，微網誌的即時性和分享性讓一個消息可以在最短的時間內以最低的成本（甚至是零成本）準確地傳播到用戶手機上，然後再透過用戶之間的二次傳播獲得加強。

戴爾在推特剛剛面世之後就啟用了企業平臺。很快，戴爾官方網站上已擁有近一百個推特群組。透過推特的產品行銷，戴爾的銷售收入突破百萬美元。而在二○○九年的廣州車展期間，長安福特也看到了「微博」對於商業思路的新變革。透過官方微博的「粉絲」，以及這些用戶轉發的消息，長安福特官方微博在兩周內就擁有了七千多名粉絲，官方微博共收到網友評論近五千條，這使長安福特成為當日新浪網的企業微博中口碑最好的公司。

在福特總部，微博掀起的商業思路新嘗試也沒有停止。

福特汽車透過技術手段，將推特與網路收音機都裝入車載娛樂系統Sync。此系統的語音操控讓推特的消息獲取方式從平面演進為立體，並保證駕駛者的正常駕駛動作不受阻斷。雖然這個設計不具備更多的應用性，但也是一種很有啟發性的商業擴展。

這些故事只說明了一個道理：微博時代，光「大」是不行的，一定要擅長「微小創新」。

其實，並非大製作就有大回報，以前很多大企業也知道這一點，它們往往喜歡透過一些看似不昂貴的小創意來進行行銷的大包圍。

我們透過以下這些知名公司的案例進行分析，更可以體會這一點。

　　本田新雅歌——本田剛在歐美上市時，英國公司曾委託Cog廣告公司拍攝一段「汽車零件推倒骨牌陣」的網路短片，全車的核心零件以「推骨牌」方式映入觀眾眼簾，其中包括自動感應式雨刷等新增裝置。這個在巴黎經過四天四夜六百零五次拍攝，不借助任何電腦技術輔助製作完成的網路短片在兩周內被全球網友瘋狂傳看。

　　這個長達兩分鐘的廣告吸引了眾多汽車圈內人士的目光，除本田新雅歌之外，還有富豪的S40嘗到了甜頭。富豪公司看到本田的成功，隨即拍攝了一部網路短片「Mystery Dalaro」，內容是Dalaro小鎮的富豪經銷商曾在一天之內賣出三十二輛相同的S40，這件奇事在第二天成為報紙新聞。這個短片的拍攝成本更低，據說只用了幾百美元，但效果非常理想，甚至比本田的效果還強，因為它更平民化，網友更喜歡，甚至還有人跟拍了類似影片，說自己賣車的成績更好。

　　寶馬（BMW）集團——寶馬集團也深諳網路影片行銷之道。他們比本田和富豪更早開始此類開拓性實踐，請來李安、吳宇森為全球車迷和影迷拍攝「The Hire」系列網路電影。大導演的水準就是不同凡響，只他們兩人的名字，就足以讓這些短片有充足的「票房保證」，短短半個月就吸引了五千五百萬網友觀看，每天進入寶馬官方網站下載影片的流量達到八萬人次。

　　巨大的轟動效應讓寶馬在更年輕的Mini品牌上故技重施，其拍攝了英國工程師利用Mini的零件製造出一個機器人的廣告。這些平面廣告曾出現在五個入口網站、許多網路聊天室和四十種以上的流行網路郵件雜誌上，引起許多年輕人的注意。

　　由於Mini品牌的成功，豐田開始模仿這種行銷方式。不過這次豐田換了個宣傳手法，因為他們要推廣更年輕的Scion品牌，視訊並不能完全涵蓋到時尚愛酷一族。因此，豐田選擇贊助手機遊戲，在日本很流行的一款手機衝浪遊戲旁貼上Scion標誌，以獲得這部分使用者的認同。

國際知名遊戲公司暴雪（Blizzard Entertainment）──每年愚人節，暴雪都會推出一批網路影片來捉弄玩家，當然玩家也很受用。比如二〇〇九年，他們推出了兩個影片，一個是在《魔獸世界》裏面，所有的種族開始嘗試一個全新的戰鬥系統──舞蹈。在影片裏，每一個種族都用舞蹈來戰鬥，而且這些舞蹈都是有根據的，你可以看到麥可·傑克森的舞步，可以看到夏威夷的土風舞，還有其他的舞蹈種類，以至於很多媒體和玩家都說，這其實不應該只是一個愚人節新聞，他們更希望暴雪能夠在遊戲中發布同樣的戰鬥系統，讓遊戲更加娛樂化。這個影片成為愚人節時全球玩家互相傳遞的最佳笑料。

另一個網路影片則很正規，它以預告片的形式出現，是暴雪公司已經拖延了很久的單機遊戲《星海爭霸二》。這個遊戲本身就是全球玩家關注的焦點，任何關於它的消息都會成為遊戲玩家的重大新聞，但暴雪要讓這個新聞更具影響力。他們透過一些管道「洩露」了這樣一個影片，在影片中，乍看之下，所有的建築和《星海爭霸一》沒有本質區別，只是從2D變成了3D。但別著急，繼續看，當人類被敵人包圍、危機重重時，玩家可以將自身領地的建築物組合成一個巨大機器人，以便守住最後防線。玩家在影片中可以看到多種設施飛向空中、以合體方式組成了Terra-tron，而它的眼睛、身體、一隻手可以射出攻擊光線或飛彈，給予敵人痛擊，它的另一隻手則有著如同電鋸般的強大攻擊威力。

這整個就是一個組合型變形金剛，恰好和隨後上映的《變形金剛二》電影形成了宣傳上的呼應。事後，暴雪還煞有介事地宣傳道：「根據遊戲的背景，這個叫做Terra-tron的合體機器人的創作者為Ron Volt博士，他運用磁力發電機，簡單改造現有領地的建築物後，發現可以將其組成戰鬥機器人Terra-tron。這個機器人將守住重要設施的最後防線，但目前所遇到的主要問題就是使用成本太高。」暴雪硬要將「謊言」進行到底。當然，玩家也一如既往地願意被欺騙，因為它娛樂效果十足。「星海爭霸二」這個關鍵字，在當月的搜索榜上一直居高不下。

暴雪巧妙地利用了網友的娛樂心理，繼續維持著《星海爭霸二》這個遲遲沒有發布的遊戲的高人氣，讓它不至於被人們遺忘。

在網路宣傳中，就算是大公司，也不一定非要大製作，在微博時代，企業家們應該更加顧慮到網友心理，只要有趣，他們就樂於接受，不一定所有宣傳都要做成《阿凡達》。

最重要的是，在微博上，人人平等，在這個時代，大公司能做的，其實小公司一樣能夠做，只是看你怎麼去構思了。

微創新：螞蟻絆倒大象不是夢

在商業世界，我們被無數的資訊包裹、充斥，每個成功者，都渴望透過簡潔、直接且印象深刻的途徑來宣傳自己，這就是「微創新」。

如果把創新比作划船，「微小創新」就像是單人帆船，快速而犀利；而「微殺手」則是多人橡皮艇，「很猛、很持久」。

在微博時代，如果你不能認清這一點，就什麼事都做不成。經常上網的人會發現，「微創新」已成話題，這與以前人們大談創新、變革不同，此次彌漫於網際之間的創新話題，都有了細微的變化，就跟它的主題一樣，變得「微小」起來。

在第二次世界大戰初期，美國空軍降落傘合格率為99.9％，這意味著每一千個降落傘就有一個出事，對於此種百萬級的戰略性產品而言，這非常影響士氣，軍方要求合格率必須達到百分之百。於是，美軍想出了一個「微小創新」的點子：軍方改變檢查品質的制度，決定從廠商交貨的降落傘中隨機挑出一個，讓廠商負責人背著親自從飛機上跳下。

這種例子不僅西方有，中國亦有。一枚小小的防偽標識讓鄭淵潔成為了中國作家的首富，原來鄭淵潔的書在版權頁的印刷數量和實際印量上總是有很大的距離，而這對於按印量賺版稅的鄭淵潔來說，無疑是巨大的損失。後來，他要求出版社在他的書上都貼上一枚「防偽貼」。

其實這小小的創新是「文豪」魯迅首創的。當年魯迅要求出版社實行印書證制，所謂印書證，就是出版商在每本印製的魯迅著作的版權頁處，必須貼上由魯迅自己設計和製作的印書證（相當於今天的防偽標識），魯迅以此監督出版商，以達到確保自己的稿費不被出版商鯨吞的目的。而鄭淵潔的「微創新」讓他以二千萬人民幣的收入成為二○○九年中國作家首富。

　　這一個個的事實告訴我們，那句「螞蟻絆倒大象」的俗語不再僅僅是傳說了，而是事實。就像有時候，「一個馬掌釘滅亡一個國家」，並非只是一個寓言，而是一種真實，它真實地詮釋了微小和偉大的關係：「丟失一個釘子，壞了一隻蹄鐵。壞了一隻蹄鐵，傷了一匹戰馬。傷了一匹戰馬，傷了一位騎士。傷了一位騎士，輸了一場戰爭。輸了一場戰爭，亡了一個國家。」

　　「微創新」是如此驃悍，也是如此的波瀾壯闊。但是只有當一項「微小」創新最大限度地創造出潛在價值，方能稱之為「成功」。而這樣的成功者可以說是「微殺手」。

　　成為「微殺手」並不容易，它擁有如下關鍵特徵：

　　第一，**這關鍵的「小」是一種聚焦點。**

　　很多看上去很美的產品，最後常以失敗而告終。導致其失敗的一個重要原因就是我們沒有找到「微小」的聚焦點。

　　如何把你的有限資源聚焦於一點，把它做透、做精、做細，首先必須對你選中的聚焦點有深刻的瞭解。

　　美國國家地理學會是世界上最成功的非營利性組織，該學會出版的一系列雜誌在全球擁有超過五千二百萬讀者，僅旗艦雜誌《美國國家地理》就擁有讀者四千萬，發行八百五十萬冊。

　　但是，在早期，像眾多非營利性組織一樣，美國國家地理學會也是寂寂無名，創刊於一九八八年的《美國國家地理》訂戶寥寥。二十世紀初，國家地理學會的會員總數不過三千六百人，雜誌社不但經費捉襟見

肘，還經常遇到稿源短缺問題。

一九〇五年，一個「微創新」的想法改變了《美國國家地理》。一九〇四年十二月，出版商打電話給當時學會唯一的編輯吉爾伯托・格羅夫納，說次年一月的雜誌還有十一頁的空白需要填補。這位編輯手中並沒有其他可用的稿件，山窮水盡之際，他看到一個蓋有外國郵戳的大包裹，那是俄羅斯皇家地理學會寄來的五十五張中國拉薩的照片。格羅夫納大膽採用了這些照片，稍加簡短圖說來填補版面。

當時，這是離經叛道之舉，在一本素以嚴肅著稱的雜誌中加入大量風光照片，格羅夫納感覺自己可能會遭到解雇，乾脆自暴自棄跑到俱樂部給自己「放假一天」。

一九〇五年一月，《美國國家地理》一出版就獲得了巨大的成功，甚至有人當街攔住格羅夫納以示慶賀。

此後，攝影作品開始成為《美國國家地理》的殺手＃，給學會注入了活力，學會的會員人數增長了三倍。

在這種「微創新」的鼓勵下，一九〇六年七月，格羅夫納拋開地理概念，用整本雜誌來報導自然世界，「用閃光燈和相機拍攝野生動物」。自此，野生動物攝影成為《美國國家地理》的一項傳統。

照片對該雜誌和公眾的影響力發揮了關鍵影響，兩年間，學會會員從三千多人增長到兩萬人。

第二，**技術並不重要，人氣才是王道。**

「微殺手」一定要擅長引爆來自用戶的能量。「微殺手」眼中的一個負面典型是摩托羅拉。摩托羅拉第一個做呼叫器，第一個做模擬手機，一九八三年推出全球第一個商用蜂巢式行動電話，一九八九年推出世界上第一款最小、最輕的個人行動電話，一九九六年推出世界上最小、雙電池的行動電話……二十世紀九〇年代後期，以技術導向為主的摩托羅拉開始迷茫，而逐步被「微殺手」三星、蘋果等超越。

「一招鮮，吃遍天」是大忌諱，我們必須進行持續性的「人脈積

累」才行。

原因很簡單，持續紅下去，才是真正的紅。真正的「微殺手」並不太在意「一招鮮」式的對手，那些能夠持續進行微小創新的對手才是真正可怕的存在。

第三，**所謂的微，它實際上是代表未來的一個趨勢。**

如果這個微很大，所有人都會看出這個趨勢，那麼大家都會進來競爭。

中國做防毒軟體的周鴻禕，在做殺木馬程式軟體時，由於技術上剛起步，他就想有沒有一種更簡單的方法解決問題。傳統的思路是木馬病毒進入到電腦之後，防毒軟體能把木馬殺掉，但是否有其他的路徑？周鴻禕發現，電腦中木馬，是因為電腦有漏洞，但是沒有人注意到這一點，殺毒廠商也沒有意願去做這件事，因為系統漏洞補好之後，電腦就不會中毒，那誰還買殺毒軟體呢？

「我們實際上投入了很多伺服器和頻寬來提供更新程式，也就是說這事不能做得淺嘗輒止。微軟也提供更新程式下載，但是速度很慢，而且很技術化，很多用戶不知道怎麼去使用。當時我們是第一個專門做更新程式，在市場上遙遙領先。很多人就嘲笑我們太不專業了，其實，這麼小的一件事，你把它做到最好，做到極致，做到世界第一，是不容易的，要下很大的工夫。」

在一片嘲笑聲中，二○○七年十月，「三六○安全衛士」用戶量超過瑞星、金山，成為中國用戶量最大的防毒軟體。

這就是周鴻禕通往二億之路的又一個「微創新」，他就像山谷裏的野百合，春天到來之前，完全不被技術派看在眼裏。

二○○八年，周鴻禕又作了一個「微創新」，幾乎沒有任何技術可言，這就是三六○的一個功能——體檢。之所以要體檢，是因為電腦可能處於偽健康狀態，有的電腦可能沒有病毒，但是它有很多漏洞，等到電腦漏洞很嚴重的時候再去修，會很麻煩，電腦用戶應該隨時體檢，使

電腦保持一個健康的狀態。

很多殺毒軟體不成功的一個重要的因素在於，它們是高級技術人員自己做給自己使用的一個高級玩意，不是為普通消費者做的一個大眾消費品。傳統殺毒軟體的介面無比複雜，術語滿天飛，各種按鈕你都不敢碰，只有技術專家才敢點開去看。

在這種微時代，這個理念已經落伍了。

周鴻禕比別人更富有遠見的一個觀念在於，他當時就有了作安全領域的大眾消費品這個理念。

周鴻禕認為，在眾多微創新裏，並不是誰靈光一現，也不是創始人高瞻遠矚就能成功，「更多的時候是我在教育我的員工要模擬用戶，從用戶的角度出發，要調整心態，放下身段。像白癡一樣去思考，像專家一樣去行動。我很喜歡這句話，它不是說用戶都是白癡，而是說大多普通用戶在電腦安全上，的確是小白，你要用他們的思維方式去設計你的產品，但是開發的時候，你要像專家一樣。千萬別再像專家一樣去思考，做出來的產品只有專家看得懂。大道至簡，簡單就是美。」

e 微革命：深度理解和「藐視」客戶

氣候暖化已經成為一個全球性的危機，氣象學家提出警告，至二一〇〇年前後，海平面上升幅度甚至可能超過三公尺，這將對全世界生命財產造成災難性損害：許多重要的經濟區和居住區不得不被遺棄，社會成本將達到天文數字，各國會消耗相當巨大的財政收入，遷居人數成倍數增長，農業收成受到損失，將會對糧食平衡造成威脅。

經濟合作與發展組織（OECD）就二〇七〇年海平面將上升五十公分的情況，對一些受威脅最嚴重的地區進行估計：上海——預計受災人口達五百五十萬，預計受災財產價值達一兆七千七百億美元。

於是，我們看到很多「大創新」紛紛出爐，比如：碳交易機制、碳

捕獲和儲存技術、加州理工學院關於全球第一個固體酸性燃料電池的技術創新……

但是，給予這個世界更多震撼的卻是那些拯救地球行動的「微創新」。

二○○九年十月十七日，馬爾地夫總統納希德以及副總統等十一名內閣官員穿著黑色潛水服，身揹氧氣筒，頭戴防水面罩潛至六公尺深的水下開會，會議歷時三十分鐘。

納希德和其他內閣官員開會期間，用防水筆在一塊白色塑膠板上寫下馬爾地夫發出的「求救信號」，上面寫道：「我們必須要像準備一場世界大戰那樣團結起來去阻止氣溫繼續上升，氣候變化正在發生，它威脅著地球上每個人的權利和安全。」

這只是一次小會議，但這次小會議帶來的衝擊一點也不小於一個大發明，它讓人們體驗到海平面上升帶來的「未來感」。

美國前副總統高爾投資並參與拍攝的環保紀錄片《不願面對的真相》，可以視作是一次特別的演講，它不但贏得了環保人士的喝彩，還得到了電影界的青睞，獲得第七十九屆奧斯卡最佳紀錄片獎。高爾因此榮獲了二○○七年度諾貝爾和平獎，這次特別的演講也因為特別的感染力而影響深遠。

那些「大創新」試圖透過革命性的技術或商業模式改變這個世界，事實上，這種大創新的表現愈來愈讓人失望。

而「微創新」則截然不同，它調動的是廣大地球公民的能量。馬爾地夫水下內閣會議、高爾的一次演講，看起來微小，卻影響了千千萬萬人的心靈和行為，這千千萬萬人所產生的大規模合作，使其力量更加驚人。

在這個扁平的時代，這種發自內心的「微小」，才是決定成功的力量！

看看推特，這家「微博之父」公司創建於二○○六年，它的出發點

非常「微小」：以一百四十個字的簡潔話語，描述自己當前所做的事情，並讓用戶可以透過網路或者手機來發布資訊。

推特拋棄了精英創新的思路，從一開始就將用戶納入到自己的創新體系中，向軟體發展者開放推特平臺，允許他們基於推特創建自己的應用和服務，第三方開發者甚至可以創建相應的網站來取代推特主頁。

靠著這種「微創新」，推特一躍成為全球排名第十一的網站，並掀起了一場微革命。推特的目標是：二〇〇九年獲得二千五百萬名活躍用戶，二〇一〇年獲得一億名活躍用戶，到二〇一三年成為首個擁有十億註冊用戶的網站。

另一個「微創新」例子是中國的開心網。二〇〇八年初，從新浪代理CTO（首席技術官）位子離職的程炳浩創辦開心網。開心網的創新點非常「微小」，即提供搶車位、買賣奴隸的免費小遊戲，但其迅速在中國的白領階層中推廣開來。後來，開心網推出的偷菜、釣魚等遊戲，一度成為一種文化現象。

依靠持續性的「微創新」，在短短兩年的時間，開心網就從零躍升到全球Alexa排名前一百的網站，擁有數千萬的註冊用戶，每天有數億的頁面瀏覽量。

在傳統的工業時代，一個產品從設計、創意、研發、生產，週期比較長，「十年磨一劍」的創新模式比較常見。

但在當下的微博時代，幾個月、幾周，甚至幾天，產品的生命週期就會發生巨大的改變，如果你不能快速地進行創新，不能快速升級，不能迅速與用戶進行互動，可能很快就會被淘汰！

那麼，如何做一個「微殺手」呢？

一九九三年十月七日，哈佛大學商學院教授、商業史學家理查·特德洛教授在英代爾總部發表演說時指出：「一個優秀的公司之所以遭遇麻煩，有以下三個原因：不是公司脫離客戶，就是客戶脫離公司，或者兩者同時發生。」

但是現在，在十倍速的資訊時代，世界又發生了新變化：一個優秀的公司之所以遭遇麻煩，是因為不能深度瞭解顧客！

我們舉一個例子，所有的數位相機公司為了打動顧客，拼命進行技術革新，從三百萬畫素，到八百萬畫素，再到一千二百萬畫素，甚至是一千八百萬畫素。從技術角度而言，一千八百萬畫素指的是在CMOS（互補金屬氧化物半導體）上公厘範圍內有一千八百萬個感光點。說得簡單點，就是畫質更加清晰細膩。數位相機廠商也樂意用高畫素來進行廣告宣傳，似乎畫素愈高就愈好，消費者也認同了這種理念。

這就是傳統的「用戶導向」，讓產品看起來是迎合用戶的需求而在不斷創新。

但是，真正站在消費者的角度來考慮，你就會知道消費者其實並不知道從八百萬畫素升級到一千二百萬畫素到底意味著什麼、有什麼應用價值。

所以，如果真的是深度瞭解顧客，你就要明確地告訴顧客：不同畫素的相機到底意味著什麼，是可以列印出四英寸乘六英寸的照片，還是九英寸乘十二英寸或者「海報尺寸」的照片。

事實上，幾乎所有的數位相機廠商都沒有這麼做，而他們卻自詡為瞭解用戶的高手。

所以，深度瞭解客戶一定要在兩個關鍵指標上做到強悍和清晰：

其一是**擅長「深潛」**。

一九九九年，美國廣播公司（ABC）的《夜線》（Nightline）節目，做了一個關於IDEO公司的節目，主題是「深潛」，講的是IDEO怎樣透過現場觀察從顧客那裏學到知識。在節目中，ABC給IDEO的人員出了個難題：五天之內重新設計一個最具現代感的日常用品——超市購物車。在進行創新設計之前，IDEO先激起了顧客的好奇心。IDEO的設計團隊同購物者的交談；找商店老闆瞭解情況；向商店營業員提問題；拍攝人們購物時的照片，對購物車的安全性進行研究。設計團隊請

教了其他專家，以從不同的視角尋求啟發。IDEO最後交出了一個「革命性」的購物車。新的購物車有內置的高科技掃描器，可以掃描放入購物車的商品價格，使顧客免於排長隊付款。新購物車可以旋轉九十度，推動起來很方便。購物車的大鐵筐換成了活動式的小筐，方便顧客拿上拿下。

沒錯，IDEO創新的一個法寶就是「潛入」顧客的大腦，發現那些真正能打動顧客的因素，然後才動手設計。為了更好地改善客戶的體驗，IDEO公司開發了五個步驟的設計流程：觀察、集體討論、快速製作模型、提煉和執行。

其二是**用戶投票權**。

在傳統的用戶導向模式下，用戶只能提建議和挑錯，很少能深入到公司決策的深層。而擅長深度瞭解顧客的公司，則把用戶投票權當作一種決策工具，根據用戶的投票情況擬定戰略方向。

比如，凡客誠品的董事長陳年，透過引入用戶投票權，從而發現冠軍級產品。他早期只做男式襯衫和POLO衫，在用戶投票的指引下，他開始大刀闊斧地進行多元化生產，例如女裝、鞋、T恤、絲襪、童裝等，有一些商品甚至獲得爆炸式成長。

這方面有一個典型對比就是：諾基亞VS蘋果。

以前，諾基亞的「以人為本」一直是用戶導向的經典教學範例，而諾基亞也把對「人」的瞭解當作核心競爭力，攻城掠地，打敗了不少強勁對手，比如摩托羅拉。

諾基亞有款一一〇〇型手機，全球銷售量超過一億，靠的就是諾基亞對用戶體驗的瞭解。諾基亞也因此累積了豐厚的經驗，比如，首要規則是注重產品簡潔、易用性；其次，重視整體的設計；第三，觀察不同的人群，然後設計。

但是，蘋果的iPhone手機一出，諾基亞的「以人為本」一下子變得

如此小兒科，以至於諾基亞的全球執行副總裁也自我批評說N97手機在用戶體驗上存在缺陷。

為什麼？

這在於蘋果深度瞭解顧客並超越了顧客的需求與體驗。在蘋果iPhone的開發中，它「深潛」顧客的內心，尋找殺手級的體驗與應用；它以強大的力量賦予「用戶投票權」，人人皆可參與的APP Store（應用商店）讓這種投票成為一種戰略。

聽聽賈伯斯怎麼批判傳統的手機廠商：「我們都有手機。它們確實不太好用，軟體糟糕透頂，硬體也不怎麼樣。透過和朋友聊天，我們知道他們也都不喜歡自己的手機。而且我們發現，這些因素實際上可以變得非常強大。這是個巨大的市場。事實上，每年的手機出貨量有十億部，這簡直是巨大的訂單，遠超過音樂播放器。每年的出貨量是個人電腦的四倍。」

蘋果的「深潛」的確是深入而且震撼。不妨看看iPhone如何在一些微小創新上做到讓用戶「愛不釋手」。

先看看iPhone的多點電感觸控式螢幕，它採用的並非筆觸控螢幕（電阻式觸控螢幕），而是更為先進的指觸控螢幕（電容式觸控螢幕）。只需用手指點就行了，而使用觸控筆才能點擊的面板，就會很容易誤點或漏點。

再看看iPhone的重力感應旋轉螢幕。這個裝置會跟著地心指向的改變作出反應。

再比如，通話時自動關閉螢幕。當你將iPhone貼著臉部講電話時，iPhone會自動關閉螢幕省電，因為iPhone有紅外線感應功能。

對於真正的用戶體驗創新高手而言，不僅要擅長瞭解用戶，更要善於「蔑視」用戶。當然，這裏的「蔑視」不是輕視用戶，而是對用戶需求的一種超越和昇華。

賈伯斯是一個「蔑視」用戶的高手。賈伯斯曾說過，「人們通常不

知道自己想要什麼，除非你秀出產品給他們看」。賈伯斯認為，真正的正確是要弄清楚消費者真正想要什麼。以蘋果的iPad為例，消費者真正需要的不是一款播放器，而是一種音樂體驗，賈伯斯用iPad＋iTunes滿足了這種需求。

中國商務網站阿里巴巴的執行長馬雲也是一個「蔑視」用戶的高手。馬雲曾經說過，「我們相信客戶是對的，但大部分時間是錯的，他們根本不知道自己在說什麼、想什麼。」僅僅瞭解顧客的期望是遠遠不夠的，更高的境界是要深入顧客的內心，尋找他內心深處的渴望。發現客戶「對」的訴求，剔除掉「錯」的訴求。

Facebook創始人查克伯格更是一個「蔑視」用戶的高手。他曾經在公司內部說過，「大多數顛覆性公司不會被用戶的意見所左右」。他暗諷那些「聽從用戶意見的公司很愚蠢」。

比如，Facebook的每次改版都會引來大規模抗議，二〇〇九年的大改版在第一天就引發了一百萬用戶簽名抗議。但是，很多改動依然在眾多批評中保留了。後來的結果表明，查克伯格的選擇是對的，他善於在大量的用戶聲音中找到正確的方向。

這種「蔑視」的背後，其實有著強大的用戶體驗創新邏輯：

一、我們不僅要瞭解用戶，更要超越用戶的期望和需求，而不是簡單的從用戶那裏尋找答案。

二、我們不僅要超越用戶，更要提出一流的解決方案。

我們不妨將之稱為「小馬法則」，這源於亨利・福特的一句經典語錄：「如果我當年去問顧客他們想要什麼，他們肯定會告訴我『一匹更快的馬』。」

這是一句極具反諷意義的話，事實上，我們經常被用戶誤導。當汽車沒有出現之前，誰都想要一匹小馬，小馬那麼漂亮，而且好駕馭。但是，你必須拿出更好的東西糾正他們的想法。

這種「蔑視」功力，是用戶體驗創新高手的必修課。

很多像魅族這樣野蠻生長的公司，對用戶嘔心瀝血，奮不顧身，大膽試錯，他們其實是中國創造的先鋒力量。但是，用戶總是那麼喜新厭舊，要成為真正的本土殺手，不僅要瞭解本土，更要提供一流的解決方案。否則，你的公司就會像很多生猛的本土公司一樣，成為創新流星。

微時代：微博的最佳衍生物

在二○一一年，中國進入全民微博時代。而微博的火爆，無疑是引爆網際網路「微時代」的一味催化劑！

所謂微時代，是以微資訊、微社區、微媒體為代表的資訊處理方式。

微信息

就是「讓資訊以碎片的方式進行傳播」，借助掌上電腦或智慧手機，人們可以非常方便地傳遞圖片或文字。只要你會發簡訊，你就可以玩微博；只要你有手機，就能更新微博。你可以告訴人們你正在做什麼，你也可以選擇關注那些更重要的事情。輕於鴻毛和重於泰山並存，本來就是網路的特點──無厘頭的「賈君鵬事件」（二○○九年七月，一篇名為「賈君鵬，你媽媽喊你回家吃飯」的無厘頭論壇文章，一夕之間在網路爆紅的事件。之後，這個句子不斷地被大陸網友引用，一時之間成為流行語。）和十萬緊急的「海地救援」都有其存在的空間。這樣多元化的「碎片式」傳播，是網路「微時代」的第一個重要特徵。

微社區

微博的人際關係模式不僅僅限於熟人間，用戶可以關注任何其感興趣的個人用戶和企業用戶，只要他們都有微博帳號；而在此基礎上，衍生出了微社區。微社區是建立在生活圈的概念基礎上，以生活圈的中心

覆蓋其周圍五公里以內的學生、年輕族群及商家店鋪等真實的虛擬網路社區，建構出生活圈中人群的網路生活。

如人際網中的圈子，可以以一個興趣點來聚合，微社區可以將圈子中的內容精準傳送給關注的用戶。每個人的生活半徑不會太大，每個人的大部分生活都在自己住的地方，消費或是娛樂不會超過自己所住的範圍五公里以內。微社區就是關注五公里以內的人、事、商家活動等。透過一個或者多個興趣點來結識更多的朋友，這樣做成本低，入門快，能給用戶方向感。

微媒體

不得不承認，在愈來愈多網友湧向微博這個平臺後，微博每天都會產生大量有價值的資訊。為了幫助用戶篩選有價值的資訊，一些微博應用程式開發者推出了「微博日報」，將每天有價值的資訊匯總在一起，供微博用戶閱讀。而在手機高度普及的今天，行動通信業者和一些媒體聯手推出了「手機報」，這是基於行動網路平臺的「微」應用。而在新浪微博聲勢浩大的「微小說」比賽落幕之後，微小說又成為了一個新生事物———一個用一百四十個漢字書寫小說的新生事物。

微博，並不僅僅給網友創造了一個典型的「微」應用，還讓媒體產生了質的變化，以新浪為代表的新聞網站，正在向「微媒體」華麗轉身。對於新浪而言，微博不僅僅是一個新聞載體，還是一個創新新聞的平臺。在一些重大事件中，新浪微博的作用已經初露鋒芒。

二〇〇九年年底的一場大雪，讓北京的首都機場大量乘客長時間滯留。部分航班乘客被困在機艙十幾個小時，既不能起飛也不能下飛機，情緒激動。經歷整個過程的前谷歌全球副總裁李開復在微博上開始了一場「直播報導」，微博的影響力首次被探勘出來。隨後，央視新大樓起火、玉樹地震，都有熱心的微博用戶發起直播，新浪也意識到了微博這一「微」應用的影響力，開始重金打造微博平臺。

如同網誌平臺一樣,新浪微博也是走名人路線。多年的積澱,讓新浪不僅累積了眾多的媒體資源,還與名人保持著良好的關係。現在,知名影星和藝人,以及全國各地的媒體均已入駐新浪微博。在二〇一〇年,新浪微博的影響力已經在一些新聞事件中得到了淋漓盡致的體現。

《鳳凰週刊》記者鄧飛在「湖南常德搶屍案」的系列微博報導中,完成了一次以「微博文體」進行報導的新嘗試。當時,常德一名八旬老人被發現身懸自家房內一門梁上,後被上百員警和社會閒雜人士破門而入,他們用一張床單包裹老人遺體,扔上廂型車。鄧飛得到消息後,立即趕往常德。從「常德搶屍事件最新」到「常德搶屍內幕」再到之後的「桃源黑幕」,在長達十幾個小時內,他發出近四十則微博,以「白描」的手法還原了這場「遺體保衛戰」和其背後的故事。

儘管微博只有一百四十個字,但鄧飛用有限的文字,儘量展現更多的細節,保證每則微博之間的邏輯連接,最後形成一篇準特稿或創新型的微博特稿,較為詳細地呈現整個事件的來龍去脈。鄧飛在新浪微博的報導,引起了眾多媒體的關注,表現出微博真正具備了媒體的屬性。

微觀察:微博上也有「口頭禪」

絕大多數人都有使用口頭語的習慣。這種口頭語言是由於習慣而逐漸形成的,具有鮮明的個人特色,它往往能體現說話人的真實心理和個性特點。

儘管微博最多只能容納一百四十字,如果還下意識地使用口頭語──那麼,該語言背後往往隱含著大秘密,這對你解讀對方會有很大幫助。

「說真的」、「老實說」、「的確」、「不騙你」……

常使用上述口頭語的人在說話之前有一種擔心對方誤解自己的心理,他們性格有些急躁,內心常有不平,希望別人能夠相信自己。

「果然」

一般來說，經常連續使用「果然」的人，大多強調個人主張，自以為是。

「另外」、「還有」

這種人思維比較敏捷，對周圍的一切都充滿好奇心，喜歡參與各種各樣的事情，但做事容易厭倦，只憑一時的熱情，往往不能堅持到底。這類人的思想很前衛，富於創新，經常有一些別出心裁的創意，讓人耳目一新。

「啊」、「呀」、「這個」、「嗯」

經常使用這些詞的人，一般有兩種情況，一是他們辭彙少，反應比較遲鈍，在說話時利用這些話作為間歇而形成的口頭語習慣；二是一些領導人往往會在會上發言時，經常會以用這些話來顯示領導風範。

「其實」

這類人經常用「其實」來轉移一下話題，他們往往自我表現欲望強烈，希望能引起別人的注意。他們大多比較任性和倔強，並且多少還有點自負。

「聽說」、「據說」、「聽人說」

經常使用此類用語的人，往往是在給自己說話留有餘地。這種人一般處事比較圓滑，雖見多識廣，但是決斷力卻不夠。

「最後」、「怎麼樣怎麼樣」

這類人大多潛在欲望未能得到滿足。

「但是」、「不過」

這類人一般是在發表自己的看法以後，遭到別人的攻擊，所以常常用「但是」一詞作為轉折，堅持自己的觀點，這說明該種人有些任性。「但是」是為保護自己而使用的，也反映了其溫和的特點，話說得委婉沒有斷然的意思。從事人力資源的人會經常使用這樣的詞語，往往是先揚後抑。

「應該」、「必須」、「必定會」

經常使用這些話語的人，一般自信心極強，往往以「家長」的身分來告訴你什麼應該做，什麼不應該做，表面上很理智、冷靜。但是，如果「應該」說得過多，則加重其不肯定自己的想法。大多擔任領導職務的人，易有此類口頭語。

「確實如此」

經常使用這個詞的人，大多淺薄無知，經常跟在別人的後面隨聲附和，常常自以為是。

「可能吧」、「或許是吧」、「大概是吧」

說這種口頭語的人，一般比較圓滑，對他人的觀點很少評論，不會將內心的想法完全暴露出來。此類人遇事沉著、冷靜，所以工作和人事關係都不錯。

「反正」

經常說這類話的人，一般是悲觀主義者。他們說話喜歡用否定的語氣，給人一種世界末日的感覺。他們在尚未行動前，就滿腦子的「反正做了也是白費」、「反正……」等消極思想，結果自然是放棄。

「想當年……」

這類人一般對現在的境遇非常不滿，經常在比自己資歷淺的人面前大談特談，向人敘述著自己昔日的豐功偉業。在現實生活中，這種人往往是些不折不扣的失敗者，他們想借昔日的生活或想像來告慰現實中自己的悲慘境遇，忘卻現實的殘酷。

「絕對」、「百分之百」、「肯定」、「不可能」

經常使用這類詞語的人比較武斷，不是太缺乏自知之明，就是自知之明太強烈了。他們在與人爭執的時候，為了維護自己所謂的尊嚴，常常會不斷地用「絕對」等詞進行保證。

我們需要注意的是，根據上述語句來判斷某個人的心理或性格時，首先需要確定這句話確實是這個人的習慣用語，而非偶爾為之。另外，

我們也要看場合，比如「據說」兩字，要是放在轉帖回覆中，是不足為奇的，但是如果經常出現用來描述自己的生活，就另當別論了。

TIPS：歷史上的微博

如果去掉「網路」這個因素，那麼歷史上很多記事形式都是微博的前身，與如今的微博發揮著相同或類似的作用。

◎結繩記事：作為一種最古老的記事手段，結繩記事雖然簡陋，但卻完整地具備了微博的兩個特點：簡短和記錄。它的特色是短，比微博的一百四十個字要求還要短，但它所記錄的意思則可能比現在長篇累牘的小說要多。

◎刻劃記事：刻劃記事包括記數、記債、記仇、記史等，這裏涵蓋了微博的好幾項功能。只是，那時記錄的介質是牆面、岩石等有形物體而不是網路。

◎圖畫記事：人類微博很早就有了「傳圖片」功能，從圖畫記事起。這裏的圖片不是相機拍的，也沒有如今的手繪那麼豐富，只是簡單的符號，但可能有極深的寓意。

◎大字報：大字報應該是一種比較長的微博，用於發表自己的觀點、吸引他人的注意、發動某項運動。

◎信件、飛鴿傳書：兩人之間互相往來的書信，有長有短，這應該算作微博裏的「私信」功能。不同的是，發微博時要在開頭寫個「@」某個人，而寫信件時要在開頭寫上對方的稱呼。

◎電報：電報更貼近微博，由於按字數付費，所以字數受到很大限制，每條消息都要寫得簡練，甚至有文言的特點。電報傳送的時間極快，即便是現在的微博與之相比，也快不到哪裏去。

◎報刊電視上的新聞標題、一句話新聞：這是新聞媒體的微博。我們現在看到許多媒體如《人民日報》入住微博，其實媒體早就有了自己

的微博形式，算是「官方微博」。

◎網路論壇：微博能實現的功能BBS基本也能實現，但BBS相對複雜一些，不及微博簡便實用。

◎QQ的心路歷程：曾經有人指出，微博抄襲了QQ的「心情」，這個說法雖然滑稽但也不無道理。騰訊的這項服務沒有明確指出現在微博的功能，只側重記錄心情，但它的形式已經和微博差不多了。

◎簡訊、MSN（即時傳訊）：這是與微博最接近的形式，區別是，微博著重在群聊，而簡訊、MSN重在私聊。

◎特色微博：在微博迅速發展的今天，有一些好玩的現象，比如利用百度貼吧寫微博。即開一個主題帖，自己經常回覆這個帖子，每個回帖算一則微博。這樣看來，微博其實沒有什麼特殊的。

今天，微博已經用它的神奇魅力，在網際網路上為我們展示了一個嶄新的社會化傳播平臺，為每個普通的網友提供了一個表現自我、傳播資訊、與朋友互動的最好管道。

那麼，對於網際網路產業發展來說，微博意味著什麼？對於利用網際網路宣傳品牌、推銷產品、服務客戶的企業來說，微博意味著什麼？對於千百萬應用程式開發者來說，微博又意味著什麼？微博的明天將是什麼樣子？

第三章

新時代預言，微博的未來很「V5」

微博屬媒體的一員，以廣告為主的各種商業模式，必將推動其更健全地持續發展。

微博的開放開發平臺，吸引著成千上萬開發者的參與，這使微博在功能服務方面具有無限多的可能性和無限大的延展性。

更重要的是，微博是已經深入每個人生活各層面的社群傳播平臺，億萬網友的參與和層出不窮的新需求，必將推動其服務不斷創新，不斷推出新模式、新功能。

可永續發展的商業模式，提供了無限可能的開發平臺，再加上億萬用戶的參與，微博必將保持高速發展的態勢，改變我們生活的各種面向。

未來，任何一個品牌都可以用資料分析的方法來監測用戶在微博上對其產品所做的評論。

企業可以利用資料分析、資料探勘的結果，找到新的產品機會，或者為既有產品設計新功能，制定問題修復的優先順序等等。例如，iPad推出後，在推特上可以即時地看到用戶碰到的種種問題，如系統當機、硬體不相容、軟體安裝故障等。這些問題提供廠商儘快修復、改善、推出解決方案並與用戶溝通的機會。

　　未來，**企業可以利用微博影響用戶的購買行為**。

　　通常，網友會在網上先搜索研究一款新產品，如果其他使用者或專家的評論較好，他們才會決定購買。如果在微博上，廠商聰明地進行引導，快速解決用戶出現的問題，讓正面輿論占主導地位，就可以維持一個良性循環，使愈來愈多的用戶接受新產品，並在微博上發布更多的好評。企業還可以有效利用微博平臺上的「意見領袖」，影響支持者群體，達到「社交」宣傳的目的。當然，一個劣質的產品，再如何引導也沒有用。但一個不錯的產品，只要在微博平臺上加以良性引導，就可能啟動「病毒式傳播」，把關於產品的好評迅速傳遞給目標使用者。

　　未來，微博可以提供更具智慧的分類和搜索功能，例如依據問答或話題的搜索，用戶喜好的自動分類等等。在未來的微博上，我們可以發問：有多少和我喜好相同的人正在黃山旅遊並正在發微博？附近有什麼值得推薦的餐廳？轉發最多的電影評論有哪些？這些評論的重點是什麼？在北京的微博用戶裏，有多少是研究「社群網站」的專家，他們認為Facebook和推特的最大區別在哪裏？未來的微博也許可以在幾分鐘甚至幾秒鐘內回答以上這些問題，並為你推薦微博用戶中最熟悉相關領域的專家與你單獨交流。

　　未來，微博可以**成為出色的預言家**。

　　微博平臺本身累積的用戶及其活動內容，就是一個巨大的資料庫，裏面有無限的資訊。經過自動的資料探勘，便能從中提煉出很多有價值的內容。比如，分析最近一段時間的微博資料，我們不難知道，哪部電影最賣座，為什麼賣座。位於加州的惠普實驗室曾做過這樣一個實驗：

根據一部電影被微博引用的次數，就可以非常精確地估算它的票房，這甚至比好萊塢影評專家更精確。如果加上自然語言分析技術，分別分析正面與負面評價，估計還可以更為準確。

這個方法可以延伸到預測選舉結果、預測市場需求甚至預測人們對某個事件的反映等等。也許，未來的微博有足夠的處理能力，可以直接回答你的提問，例如：「萬能的微博告訴我，我今年放長假該去哪裏旅遊？」然後，你就會得到完整的旅遊建議，它彙集了和你類似的微博用戶的意見，供你做出最好的選擇。

未來，每個人在手機上都會**同時使用多種不同的社交服務，當然也包括微博。**

不同社交服務供應商提供的功能特性各不相同，但對用戶而言，所有使用服務的方法都非常簡單。只要打開手機，就會在統一的聯絡人介面中找到自己的朋友，看到彼此的關係（是不是粉絲、是不是同事等），可以一目瞭然地看到朋友是否更新了微博，是否發來電子郵件或是即時資訊，是否在另一個微博平臺上評論了我們發的微博等等。用不著切換應用程式，就可以看到所有與朋友相關的資訊。

我們也可以隨時隨地選擇一個最好的方式，比如在某個微博平臺上，把自己想說的話告訴所有朋友、粉絲。朋友可以透過任何一個社交網路發布資訊，比如，他剛買了一本書，剛看了一部電影並作出正面評價等，這都會在第一時間通知我們，進而影響購買決定。當然，這一切需要不同社交網路間擁有可以安全保護個人隱私的「社交鏈」資訊交換標準，在開放協定的支援下，切實保障社交資訊的安全。

未來的微博**在功能上會更加強大。**例如，你可以直接用語音、視訊等方式發布自己的微博；可以和朋友一起，透過網路互動的方式共同創建一則微博；可以像電視臺新聞直播那樣，在微博上開設直播頻道；可以把微博有選擇地發給某一類人，比如只發給家人或同事……此外，隨著具備衛星定位功能的手機的普及，更多與移動、手機、衛星定位相關

的新應用會層出不窮地湧現在微博平臺上。如果你願意，你發的每一則微博，你透過手機認識的每一個人，都可以完整地被記錄，而且智慧化地被使用。從此，你不必再擔心見到熟面孔喊不出名字了！

例如，一個女生參加聚會時，手機上會自動收到微博的一則提醒：「你上次在酒吧透過微博認識的張三，也正在這個聚會上，就在你左後方大約二十公尺。他剛發布了一則關於王菲演唱會的微博。」甚至，只要用戶授權，不同的微博用戶可以在特定地點互相交流。比如，一個商城裏互不相識的購物者可以一起玩尋寶遊戲，並在遊戲中透過微博互動。一個創業者參加開發人員大會時，透過手機微博輸入希望合作的開發者條件，就能找到同樣參加大會且履歷符合條件的開發人員，而後自動互發消息，以安排後續面談、面試等事宜。

微博的未來不可估量。但無論微博怎樣發展變化，出現多少新穎的功能，我們都有理由相信，微博本身的社會化、媒體化、個性化、即時化等基本特點只會被加強，而不會被改變。微博的發展只會讓我們的生活更方便、更輕鬆，不斷地帶來更多的樂趣和享受！

決定微博戰局的核心力量──即時搜索

打開新浪微博，排名前一百名的用戶，其粉絲人數都在萬餘。在敏銳的商業觀察者眼中，這無疑是值得去拉攏的財源。這讓另一個網際網路巨頭搜狐坐立難安，在二〇一〇年一月，搜狐正式進軍微博業。

顯然，新一輪博弈即將展開。

在這輪新博弈開始之際，網路的龍頭需要考慮的問題無疑是全方位、紛繁複雜的，比如──

中國的微網誌網站究竟怎樣定位，應提供什麼樣的服務？

微網誌對於綜合性網路平臺和垂直的社交網站的生存有何意義？

微網誌如何把人氣和流量轉變成源源不斷的收入……

在破解這些問題的漫長過程中，複製與學習仍然是主要方式。推特的陣地無疑是中國微博玩家們覬覦的對象。經典推友們無法摒棄推特的一個重要原因是，它是目前唯一沒有任何過濾和審查，同時又能被廣泛使用的微博。

遺憾的是，這種特徵顯然是任何一個中文微博都無法做到的，無論是早期因為言論審查而失敗的飯否、嘀咕，還是現在看似火熱的新浪微博，都需要在嚴格的過濾和審查程式中小心翼翼地運行。

那麼，擴大化的功能、技術創新將在一定程度上增加客戶的忠誠度。不過需要注意的是，推特已經開始放棄其微博純粹性，轉而發展成一種小型社群網站。這樣的轉變往往會不斷加強——在初始階段的定位模糊時常導致喪失當初的領地，而在另一個陣地上站穩腳跟。

新浪微博的路也有同樣的情況，只要是微博的資深用戶，都能明顯發覺新浪微博的功能、設置比推特更加複雜。新浪似乎是在一種模糊中尋找吸引力更強的產品。事實上，這是所有中文微博大老們在剛開始介入爭奪之後的必然選擇。

而與新浪微博的複雜化相比，百度貼吧是另一種形式龐雜的客戶群。

儘管不屬於主流中文微博，但百度貼吧的下一步戰略——讓用戶相互關注、透過手機終端進行發布資訊等方式，怎麼看都像是微博的衍生物。

和其他微博網站不同之處在於，百度擁有極其豐富的用戶資源。如果新浪的微博明星擁有數十萬級的粉絲，那麼百度貼吧裏的明星粉絲則是百萬級。這種龐大的用戶資源決定了貼吧的介面和功能設計不可能做到推特那樣的簡潔。

但龐大的用戶群優勢，讓百度貼吧盈利管道有更多的可能性。一個簡單的例子是，所有中學的百度貼吧，都有體育用品巨頭耐吉的冠名商標。可以想像，如果耐吉願意，完全可以策劃一些不需要新意的行銷活

動，之後透過貼吧，直接與目標客戶群體——中學生產生關聯。耐吉不僅可以透過百度貼吧發布新產品，而且可以透過活動募集到產品的具體配色、功能等資訊。

基於用戶群的需求定位，百度貼吧在實施下一步戰略的時候，不可避免地增加了產品的複雜性。對此，百度和新浪微博的態度並無兩樣———一切都取決於客戶要求。

「我們想探索的是一種更廣闊的前景。希望貼吧用戶在這個平臺上能獲得想要的東西，而完全不在乎這東西是不是由貼吧產生的。」

顯然，在這一輪的較勁中，誰不適應中國國情的客戶需求，誰就會最終被拋棄。而這種需求，往往是因為各種環境因素打了折扣。這也許同樣構成了「中國特色」的網路商業思維。

除了新舊之間的較量，一些新平臺彼此的角力也顯得熱鬧非凡。

來自SNS平臺與微博的激烈交鋒即為明證，最具有代表性的例子是開心網的火爆與新浪微博的一夜成名。

開心網上線之後，吸引用戶的主要是小遊戲，但其他元件也一直在發生功能轉化。直到用戶數量達到一定層級之後，開心網逐漸顯露出社交平臺的綜合效力。二〇〇九年年末開心網推出手機版本之後，具有了和手機微博基本一致的元件功能。其中「記錄」元件的口號便是「記錄生活每一刻」，這與新浪微博的口號異曲同工。

開心網的另一組件「轉帖」，也和新浪微博的關注功能頗多相似。實際上，直到二〇一〇年年初，轉帖功能成了開心網最受歡迎的組件。用戶不需自己去尋找資訊，利用好友轉帖即可將最具傳播價值的資訊呈現給用戶。這一特性和微博的資訊傳達功能沒什麼兩樣。

但在傳播範圍上，SNS平臺顯然敗下陣來。

新浪微博將用戶集結起來的聚合器是「話題圈」。只要某個話題引發參與者的互動，無論彼此間是否相識，用戶都會隨著事件進展緊密凝聚。這種特性突破了日常社交範圍，使得傳播範疇更加廣闊。

相比之下，開心網更像是日常生活的延伸，整個網路主要是依靠熟人關係維繫，雖然人際關係較為穩定，可以討論較為小眾、私密的話題，但傳播的範圍相對的縮小許多。

微博大老推特的強項——「即時搜索」此時成了網路覬覦的魔法盒。

美國很多著名的公司透露，他們最常用的搜索工具是推特，而不是搜索引擎。因為，諸如谷歌這樣的搜索引擎一般只提供被搜索次數最多的結果，而不是你最想要的結果。如果輸入一個人的名字，它可能搜到你幾年前就已廢棄的網誌地址。

但如果使用推特搜索，最新的消息就會顯示在頂端，你可以獲知很多資訊，並且不需透過複雜的關鍵字搜索。你只需要向你身邊的關注者進行搜索即可。當然，要達到這樣的效果，你需要好好累積一陣子，當關注者達到一定數量之後，他們才能隨時隨地為你提供答案。

這種現實促成了一個事實，Facebook在二〇〇九年試圖以五億美元收購推特，但推特不假思索地拒絕了併購。無奈之下，Facebook以五千萬美元現金加股票的形式，收購與推特功能類似的Friend Feed，最終推出了自己的即時搜索引擎，此舉無疑加劇了用戶的爭奪。

在中國，由於目前只有新浪微博具有「即時搜索」功能，而其他微博拓荒者和諸如開心網的SNS平臺還沒有此類動作，因此競爭還未全面白熱化。但對於一個具有強大商業利益的技術而言，這種競爭早晚會到來。

從長遠來看，「即時搜索」很有可能成為決定戰局的核心力量！微網誌的興衰，SNS社交平臺的榮辱，與「搜索」技術的消長一脈相連！

 微博、粉絲、廣告——三贏的關係

作為一個社群傳播平臺，微博本身具備了媒體的許多特徵。而在商

業模式上，媒體與廣告則是天生的絕配。有媒體的地方，就總有企業能透過適當形式的廣告，創建永續的盈利模式。

網際網路上的廣告經歷了顯示廣告、分類廣告、搜索關鍵字廣告等不同的發展階段。

早期的顯示廣告在許多不同類型的頁面上播放，看網頁的人並不一定是廣告的目標用戶。

今天，以谷歌、百度為代表的搜索引擎，利用搜索關鍵字廣告，在用戶搜索那些匹配了廣告的關鍵字時，才顯示廣告資訊。這種搜索關鍵字廣告在廣告投放的針對性上相較於傳統廣告有大幅的提升，因為用戶關注並搜索了與廣告相關的關鍵字，廣告就很有可能對該用戶有價值，用戶也就更願意查看或點擊廣告。

而微博服務的出現，為提升廣告投放的針對性提供了另一種可能——基於朋友圈子、共同話題的廣告播放。

我們設想一下，如果微博平臺上有一個「最酷跑車」的微博，每天發布高品質的關於跑車、車賽、頂級汽車製造等內容的微博，一定會吸引到為數不少的粉絲。

那麼我們很容易推想，這個「最酷跑車」的粉絲中，絕大多數應該是跑車迷，是因為喜歡跑車才聚攏到這個微博裏來的。假設微博平臺可以用某種形式，為廣告主新上市的轎跑車播放廣告，這個「最酷跑車」的粉絲群，就是相當不錯的播放對象！

再進一步設想一下，某一段時間內如果在「最酷跑車」的粉絲群，以及其他關心跑車、賽車的微博用戶中，大家都在熱烈討論上海F1汽車比賽的話題（利用微博的即時搜索和話題趨勢等功能，可以很容易地追蹤、分析熱門話題），如果微博平臺有一種合適的方式，為那些參與這個話題討論的用戶，播放關於F1汽車比賽門票，或F1周邊產品的廣告，其廣告播放的效果也一定很不錯！

也就是說，微博上人群之間的「關注」關係，用戶為自己寫的標

籤，用戶正在參與的熱門話題等因素，都可以用來增強廣告播放的針對性，讓最合適的廣告，找到最需要該廣告的用戶。

只要有好的針對性，只要廣告對目標用戶真的有價值，廣告主、用戶以及廣告發布者（可以是微博平臺，也可以是微博主或應用開發者）之間就是一個三贏的關係。

當然，在微博上進行廣告行銷，一定要注意方式和方法，任何不顧及廣告的針對性，強制發布廣告的做法都會損害用戶利益，並最終傷害微博平臺。例如，目前業界公認的是，微博平臺不能在用戶首頁上正常的微博流裏混入廣告微博、廣告聯結或廣告文字。用戶選擇看哪些人的微博是用戶的自由，是用戶進行了個人化設定的結果。如果在用戶看到的微博裏插入廣告內容，這無異於對個人化設定的破壞，也是對微博本身特性的破壞，最終只會導致失去用戶的結局。

對於微博主個人來說，如果你的微博本身就是關於某一類產品或某一類話題的（比如前面舉的「最酷跑車」的例子），那麼在你的微博中適當地播放一些有針對性的廣告內容未嘗不可（當然數量也不能太多）。但是，如果是憑藉個人魅力、個人品牌才贏得了數量眾多的粉絲，那麼在發布純廣告性內容前，一定要三思，你的粉絲並不是為了看廣告才關注你的微博的，你的粉絲與你發布的廣告不一定有相關性。隨意發布廣告，只會讓你的粉絲悄然離去。

所以最好的方法是用巧妙的方式，把廣告嵌入到對粉絲們真正有用的內容裏。你可以用「參與抽獎」來獲取潛在用戶，也可以用「軟廣告」：在內容中加入你的產品或服務。

而對企業來說，微博聚集了數量龐大的最終用戶，這些用戶因為「關注」關係、共同愛好、共同話題等，被自然地分成了許多不同的目標族群，所有這些最終用戶的日常活動資訊其實是一個最好的市場研究資料庫。如果能收集足夠清晰、準確的資料，並在日常累積資料的基礎上，用資料探勘的方式揭示資料中的規律，企業就可以從中得到許多非

常有價值的分析結果。例如，我們可以透過人群對某類產品是否關注等信號，分析並定位某個新產品的目標用戶群，然後對這些用戶加以研究。

比方說，某個企業研發的一款手機是與iPhone手機競爭的產品。那麼，在微博上很容易找到經常討論iPhone或相關話題的活躍用戶。這些用戶及其朋友很有可能是這個企業的目標用戶。如果用資料探勘的方法，對這些用戶關於手機的評論、互動加以研究，分析其中的規律，就不難發現這些用戶的共同特點，他們對手機的主要需求，他們選擇一款手機時主要考慮的因素等等。

這種基於資料分析和資料探勘而利用微博的做法，很可能成為今後企業利用微博的主要方式之一。

另外，企業還可以利用微博平臺開展公關活動，例如微博上的公關發表會，微博上的危機公關等等。微博不像記者會或者新聞稿那麼正式，企業可以經常使用微博來與媒體自然地溝通。可以用微博來回應不實報導、謠言等等，甚至有不少企業已經用微博取代發表會，請記者在某特定時間訪問企業的微博。有這樣既省錢又減碳的公關方式，何樂而不為呢？

美圖秀秀、投票、互粉──愈來愈多的「應用開發介面」

普通微博用戶可能很難察覺到這一點：從誕生的那天起，微博就不僅僅是一個普通用戶用來發布資訊的簡單應用，而是一個有著開放應用開發介面的，可以由第三方開發者創建新型應用的開發平臺。

推特在最初誕生時，就伴隨著應用開發介面（API）的公開而發布。中國本地的微博服務如新浪微博、騰訊微博也都在第一時間為開發者們提供了應用開發介面。

那麼，為什麼要開放應用開發介面？這件事對普通用戶來說有什麼

好處？

　　如果只提供基本的通信、社交和媒體功能，而不開放開發介面，那麼，微博就只是網際網路上的一個普通應用程式，微博用戶需要的所有功能都只由微博服務提供商自己來開發、實現。在這種模式下，微博的未來發展將主要取決於微博服務提供商的創新能力。

　　一旦開放了應用開發介面，微博就為第三方開發者的參與提供了可能。成千上萬有興趣拓展微博功能的企業、開發者可以貢獻他們的智慧，在微博平臺上創建新穎的應用。而微博平臺本身，這時就變成了一個可以「拼接」第三方應用外掛程式的大舞臺。因為有無數開發者的參與，創新的點子會層出不窮地湧現出來；因為有應用開發介面，第三方開發者研發的新功能可以快速「拼接」到微博這個平臺上；同時，因為有成熟的商業模式，微博平臺提供商與第三方開發者之間可以按一定比例分享這些新功能帶來的收益，並反過來促使更多開發者參與。

　　對於普通用戶來說，微博成為應用開發平臺的最大好處是在使用微博基本功能的同時，還可以享用數量眾多、功能異常豐富的各類與微博相關的應用軟體、手機程式、網路服務等。

　　例如，在新浪微博的「應用」頁面，微博用戶可以看到很多有趣、有用的由微博功能延伸的應用程式，絕大多數程式都是第三方開發者利用新浪微博提供的應用開發介面所開發，並發布在新浪微博平臺上的。此前提到過的，用戶經常在微博上發起的「投票」，其實就是新浪微博的一個應用。

　　「美圖秀秀卡通身分證」是個有趣而簡單的應用，在新浪微博應用人氣榜上名列前茅。用「美圖秀秀卡通身分證」，用戶可以迅速創建自己或朋友專屬的卡通形象，自己的形象可以迅速發微博，朋友的形象可以透過「＠」通知朋友。

　　透過微博提供的應用開發介面，其他類型的應用程式可以順利與微博互聯。

　　例如，「街旁」是一個基於地理位置資訊的移動社交應用程式，用戶透過手機上的街旁用戶端軟體，可以簽到自己所在的地點，並透過簽到來記錄自己的行蹤、搶某個地點的「地主」地位、得「徽章」、查看朋友動態、寫地點攻略、找打折資訊等等。現在，街旁已經可以直接連接新浪微博。在街旁手機用戶端上的每一次簽到，都可以變成一條消息，發到微博上。而在街旁上得到的「徽章」、「地主」身分等，都會透過微博發布出來，便能分享給在微博上的朋友。

　　「互粉查詢」則是一個基於微博粉絲統計的應用程式，可以查查自己關注的人裏，有多少人是你的粉絲，然後計算一下你的「互粉率」，你還可以列出你關注的人中沒有關注你的所有人的名單。類似的統計、資料類小型應用程式很多，它們可以利用資料幫助你善用微博。

　　在國外，基於推特的第三方應用類型更多。根據分析，依推特應用開發介面所開發的第三方應用程式中，主要包括以下幾種類型。

　　資料分析：用戶訪問與使用行為資料整理。

　　資訊同步：同步更新推特與網誌、社區及其他微博的資訊發布，綁定信箱等。

　　搜索：各類資訊檢索，關鍵字、話題功能。

　　地圖定位：地理位置服務。

　　第三方用戶端：脫離推特網頁端，個性化定制介面與功能。

　　瀏覽器輔助：彈出式按鈕功能，瀏覽輔助功能。

　　娛樂應用：趣味性、遊戲性、綁定遊戲用戶端。

　　其他：RSS、用戶腳本等。

　　因為微博是一個開放的開發平臺，開發者們可以為微博用戶開發出成千上萬、各式各樣的應用程式。微博已不再是寫微博和看微博那麼簡單。

　　作為用戶，我們可以期待更多的選擇，可以盡情想像更多的使用微博、「玩轉」微博的方式。

作為開發者，透過在微博平臺上開發應用程式，借助微博平臺的商業模式，從微博廣告等收入中獲取分成，實現盈利。

作為企業或廣告發布商，在微博平臺進行行銷的途徑有了相當多的可能性，甚至可以透過微博平臺，在不同的應用中用不同方式播放廣告與行銷企業。

總之，微博透過開放應用開發介面，為使用微博提供了無限的可能。

全民狗仔：每個人都是微博上的「記者」

一九九一年，一位黑人因為驅車闖紅燈被員警從車上揪下來暴打。一位恰巧居住在附近的民眾用攝影機記錄下全部過程，並交給了電視臺。警方當然要辯解，他們說這是第一次發生此類事件，但那段錄影告訴人們，員警們駕輕就熟的打人手法可不像是菜鳥新手。

事件的結局是，警察局長丟了飯碗，公眾深刻地思考著種族問題。更具有啟迪意義的是，那位手持攝影機的公民在那天晚上成了公民記者。

將近二十年過去了，這種職業變得更加風行了。

二〇〇九年某天午後，紐約地鐵車廂裏發生了一起衝突。地鐵停靠後，員警從車廂裏帶出四名捲入衝突的乘客，並在眾目睽睽之下，槍殺了其中一位。悲劇發生的那一剎那，三名乘客用手機從不同角度記錄下這場慘案。

這些影片的剪輯很快出現在當地電視臺和YouTube上。隨後的幾天中，有二百多萬人觀看了這駭人的一幕。結果可想而知。

全民記者就是這樣在無意中誕生的，也許你在某個時刻和場合，就會成為其中一員。

有一位藝術家說，「在微博守候新聞的最新進展是以後我們的共同

體驗」。他的觀點顯然具有普遍代表性：微博在新聞報導方面體現的是我們一直尋找不得的公民新聞，每個微博都是媒體，人人都可以成為新聞來源。

每個人都會透過微博來描述所在的世界。那些零散的片段組合起來的，就是一種複雜多樣的真實。微博說明了一種潛在性，那就是每個人都是生活的報導者。

但是，從另一個角度來看，沒有編輯記者的微博報導充斥著虛假消息，或者誤讀。

二○一○年一月二十五日上午，中國零售百貨集團新華都的總裁唐駿發布了一則微博消息：「今天我回歸IT，重回我熱愛的產業……」基於唐駿過去的IT背景以及熱心評論「谷歌退出事件」的緣故，眾多好事者就推測，唐駿很有可能出任谷歌中國區總裁。這種推測當天就成了新浪微博的熱門。

然而事情的真相是，唐駿所說的「回歸IT」指的是新華都透過旗下的港澳資訊參股，收購了幾家IT企業。

微博的誕生讓資訊傳播進入了「秒時代」，令資訊傳播者的隊伍無限擴大，但是由此帶來的假新聞，誤讀新聞事件也是顯而易見的。

消除這種誤讀的一個好方法是，傳統媒體在微博上註冊官方帳號。

CNN被認為是第一家應用推特的主流傳媒，在獲取資訊和傳播資訊方面，CNN發揮了一定的功能。

一位新聞主播在主持節目時，經常閱讀並回答來自推特的評論和問題，他把推特融入到現場直播的電視節目之中。由此，主流傳媒紛紛效仿，結果令人滿意。二○○九年夏天關注者佔據前二十五位的推特帳號中，出現了《紐約時報》、美國國家公共廣播電臺、BBC。

當然，網站資訊琳琅滿目，我們有必要學會判別消息的真偽。對於一些很明顯是惡搞的消息，是很容易識別的，除非你想嘩眾取寵。

 隱形的商業信條——微博人脈共享

二〇〇二年，留學英國的MBA朱兆瑞完成了一次環遊世界，歷時七十七天，周遊了四大洲二十八個國家和地區。環遊世界通常是有錢人的遊戲，而朱兆瑞的神奇之處在於這次環球旅行他僅花費了三千美元，靠的就是利用各種SNS工具「嗅到」優惠機票的氣味。他把自己的這段特別經歷寫成了一本書——《三千美金，我周遊了世界》，這本書迅速流行開來，讓經濟旅行成為熱門話題的同時，朱兆瑞也一下子紅了起來。

但是，現在有人能不花一毛錢就周遊世界，你相信嗎？

這個還真不假。現年三十三歲的英國作家保羅·史密斯，成功暢遊歐洲、美國和紐西蘭三十天，但全程不花一毛錢！這一切源於他突發奇想的一項利用SNS網路社交進行大膽試驗。他只不過是坐在電腦前，在鍵盤上敲了一些字發在一個網站上，聲稱自己想環遊世界，需要大家幫助，然後一切便搞定了。消息發出後，他立即得到了世界各地網友的回應，有人向他提供免費機票，有人提供免費火車票，還有人提供免費的旅館房間……

就這樣，從二〇〇九年三月一日起，保羅正式開始了他的環遊世界之旅。他先是靠著網友提供的免費火車票從家鄉紐卡斯爾市出發來到倫敦，然後又憑藉另一位網友提供的船票，搭輪船經北海來到荷蘭阿姆斯特丹，接著他又先後到了法國巴黎和德國法蘭克福，靠從網友那裏「化緣」來的機票，在第五天他飛至美國紐約，第七天抵達華盛頓，第二十天來到洛杉磯……最後他到達預定的終點站——距紐西蘭南島南方七百公里的坎貝爾島。

自始至終，保羅都未曾花過一毛錢，全部靠他從一個SNS網站上在世界各地的網友那兒獲得的免費幫助，將「交友滿天下」的好處發揮得淋漓盡致。事實上，除了免費環遊世界外，保羅此行還為非營利慈善組

織募款，募到的款項超過一萬美元。當紐西蘭觀光局得知他「免費環遊世界」的壯舉之後，主動贊助他到紐西蘭旅遊。

就是這麼匪夷所思，而這個幫助保羅「交友滿天下」並完成環球旅行的網站正是大名鼎鼎的、已是全球第三大SNS社交網路的推特。

微博的力量正在於此，同樣的周遊世界，與朱兆瑞依賴「資訊」不同的是，保羅依賴的是人脈！

對於眾多微博網站來說，我們面對的是如潮博友，賺取的是超高人氣。這已經成為一種時代精神。透過人脈圈，人們共享的不僅有商品和能力，還有一些實物產品和它們的服務，甚至人的勞動也開始成為共享的對象。

在微博上，音樂、影片、軟體等多數數位產品可以被完美共享，對於傳播者和受眾而言，他們幾乎是對等的，共享並沒有損害任何一方的利益。這種共享行為使「我為人人、人人為我」的原始美德得到了昇華，成了一種隱形的商業信條。

而在長遠視野中，共享帶來的是彼此福利的雙增長，因為接受過「產品」的人往往會投桃報李，在日後拿出「產品」與他人分享。正因如此，微博上的關注者和被關注者愈多，共享的內容就愈豐富。

對於微博而言，人脈共享——這幾乎就是一個無限寬廣的免費底盤。

「潛伏」在微博的職場人脈

起身打量一下辦公室，那一個個對著電腦螢幕做著怪表情的同事說不定就是潛伏的網路紅人！他們穿上了真正的「馬甲」，在虛擬和真實的雙重世界裏瀟灑遊走，並最終身價倍漲！

對於職場人而言，熱門的微博、部落格、MSN、開心網等是展現我們另外一種姿態、生活、工作的虛擬空間。只要我們善於利用這些虛

擬空間中的虛擬人際關係，就可以讓真實職場變得更加精彩有趣。

我們不見得有那樣的靈感和文字才華，但是透過網路，尤其是網路社交工具，至少能夠為自己創造出更別緻的人際溝通管道，獲取更豐富的資訊，抓住更有創意的事業機遇。

求職時

突顯名校背景不如瞭解企業背景。瞭解企業有三大途徑：

一、企業官方網站及微博。

二、執行長或知名員工網誌。

三、社群網站上學長學姐的反映。

找工作和追求心儀的人一樣，知道人家喜歡什麼才能追得上，到面試時給面試官一個小驚喜，讓他知道原來你比他還瞭解企業，你就已經贏了一半！

平時就在微博中對企業加以關注：知名企業官方微博的粉絲大多數是在本行從業或是對本行興趣極高的人群，因此目標受眾非常準確，多數企業已經開始透過微博發布招聘資訊。

就職之後

工作前，上微博說一聲「早安」，暗示自己以平和的心態開始一天的工作。

對於剛進公司的新職員來說，微博可以讓你更快融入團隊。你剛跳槽至一家新公司時要做的第一件事，就是把新同事的微博加為「關注」。每當同事有新微博發布時，你要及時地加以回覆。這樣你便可以用最短的時間與同事相互認識。

職位強化期

一、透過社交網站儘量多跟目標人群建立聯繫，增加親密感和信任度，不要停留在點頭之交、只談公事，可透過一些非正式的方式進行交

流，例如開心網的「你撓我一下、我踢你一下」、人人網的生日送「鮮花」送「禮品」、微博的評論和轉發、開心農場的偷菜、偷糧等等。

二、行政、財務、研發人員，能透過社交網站展現自己另一面的才華。你會畫畫，那就在網誌裏上傳你的畫作，微博裏發布你網誌的聯結（你的崗位形象不允許你不停地回覆或發布微博。這樣做，既展示了才華又不會叫老闆覺得你不專心工作）。你熱愛讀書文筆又好，就可以把豆瓣（中國大陸一個以書評、影評、樂評串連人群，並藉此找到同好的網站。）裏寫的書評影評聯結到微博。沒多久，同事們就會要你推薦一些好看的書了。

人脈拓展期

在微博上加很多同行，透過關注他們的發言來瞭解行業動向和競爭對手的情況，可能你看到的資訊很龐雜，但有一些會對自己有用。

全民微博，給職場人帶來的另一個功能是，這個世界幾乎沒有你找不到的人，沒有你開展不了的工作。想要跟某個人聯繫？看他有沒有微博吧，有，直接發私信給他，沒有？那麼找找與他相關的人的微博，也許你要找的人就在那個相關人的粉絲裏。

利用微博增加團隊融洽度

一個充分互動的團隊必然是一個好團隊。例如公司做新專案，由不同部門抽人聯合組成。開始時大家還互相用著尊稱，客氣止於微博。你們可以在微博上轉發各種訊息，大家漸漸熱絡，專案之外就多了閒聊話題。微博除了讓一群陌生的人迅速熟悉起來，還可以讓你在同事微博上找到共同話題或消除誤解，有利於團隊的融洽。

打造職場自我招牌

從來不知道那個一天到晚埋頭Excel裏的人居然講話如此有趣。微博的好處在於讓你看到某個同事的另一面。默默無聞的人可以透過微博

成為公司的明星，而想要經營形象的人也可以在微博上大做文章。看看你的粉絲，基本上就知道你的社會層級和社會角色，這點經營好了對你非常有利。我們可以透過微博上寫的一些感悟或者評論看出一個人的水準，發布之前自己斟酌，儘量避免透露家庭生活。

微博有隱患

例子：你沒在微博上表示出一丁點對公司的不滿，只是偶爾在回覆裏提及，這話居然被老闆知道了；你沒對任何人表露過跳槽打算，只是在微博上關注了一些公司並在其微博下面留言諮詢了幾個問題，比較之後你覺得現在的公司還不錯，也就斷了這個想法，可是有天同事突然跑來問：「聽說你要換工作？」

建議：職場人應該在微博上分開自己的工作和生活。大家關注的是「誰」，而不是「誰說」。你不是影劇科班出身的，所以在一個微博用戶裏既扮演老闆或同事的角色，又扮演朋友的角色，難度很大。此時最好的做法是有兩個用戶名，其中一個用來維持你的職業形象。

網路不上鎖，說話要謹慎，在發布涉及公司的消息時，你需要注意的事項：不講公司經營的財務問題，不發布未經證實的消息。別忘了你的網路角色，在加了很多人的情況下，你要判斷這些資訊傳播出去是不是合適。

無貨幣時代的微博「經濟底盤」

其實，擁有廣泛人脈的好處，還不止於此。

社會學方面的研究證明，「今日的溝通與昔日溝通的最大差異是：由於科技的介入，溝通已經超越時間、空間，甚至權力與階級的圍牆。並且和免費連在一起。」

免費溝通，在經濟學上可以稱之為「無貨幣時代」，而這個時代的

先行者，就是微博。這種在無貨幣時代贏取未來的做法贏得了很多支持者。

原谷歌併購總監，光速創投董事長宓群的觀點非常有啟發性。在他看來：「目前最成功的微博網站推特的價值，正在於穩定的客戶群以及更迅速的用戶成長。更關鍵的是，它能夠透過合作，吸引第三方網站和平臺加入，而這些資源都是免費的。平臺的擴展，已經帶來了贏利的更多可能性。」

微博的無貨幣特徵，決定了企業贏利的基調是持續「刺激」，比如透過整合美國Myspace資源對傑克森的紀念活動做全程影片和微博直播報導，比如邀請小野麗莎、SHE等明星以及娛樂圈資深記者和媒體機構入駐發布微博，再比如把平臺中的「麥田大戰」等SNS遊戲和微博結合，用戶可以邊玩邊聊。

儘管大多數觀察者都相信，正在瘋狂滋生的微博用戶終將帶來巨大的商業利益，然而一些比較急迫的獲利策略，卻遭到了評論家們的懷疑，諸如將微博化為廣告平臺的想法——幾乎招來一致反對。

在一個免費時代，要做到盈利，最忌諱的就是盲目樂觀與匆忙行動。

對於未來商業道路，除了種類繁多的外部應用，微博網站主動推出的技術產品將很有可能成為主要獲利結構。

當下討論最熱烈廣泛的話題是微博遊戲，一個可以引用的例子是開心網的偷菜遊戲。

問題之一就是，儘管小遊戲能在初期吸引眾多用戶，並且迅速開闢一些營利管道，但技術門檻過低令這種產品容易成為業界龍頭輕易吞併的對象。開心網的偷菜遊戲被騰訊利用數量更龐大的QQ用戶輕易搶佔市場即可證明該點。

另一種獲利模式在於提供增值服務。這種模式被認為是目前較為成熟的一種。而對於未來，手機和微博之間的天生血源關係是值得深究的

命題。目前已經有微博網站透過與手機生產商合作推出用戶端，並且透過某種方式免費贈送給用戶，類似於手機通信業者話費換手機的活動。用戶端的擴展解決了其如何營收的尷尬。

隨著移動網際網路時代的到來，這種贏利模式將愈來愈具有生機和活力。

許多在真實世界中提供免費服務的機構，都能以自己的方式獲得收入。如基督教的教堂或者佛教的寺院。宗教服務一般是免費提供的，但是，宗教機構鼓勵受益人為宗教的發揚光大而捐款。因為是採用捐助方式獲得收入的典型機構，這種自願的捐助模式被人稱為「教堂模式」。

說得再通俗點，眾多行走江湖的流浪藝人也深諳此理，這些「散兵游勇」雖然無法像俱樂部一樣向會員收費，但是在另一方面，只要還有觀眾為之吸引，他們就可以透過募捐得到收入。正所謂「一百不嫌多，一塊不嫌少，有錢的捧個錢場，沒錢的捧個人場」，這是最經典的「教堂募捐模式」。

無貨幣時代的網際網路模式，顯然很適用「教堂募捐模式」。

當然，當下除了純粹的贏利模式，還存在著許多混合型的贏利模式。在微博時代，每個用戶，不僅是參與者，也是商業應用的締造者。

一個充滿離奇幻想的信號，是網際網路擺脫了遮遮掩掩的姿態，明白無誤地宣稱一個免費世界的誕生。作為最嶄新的要素——微博的免費經濟——將以整個網際網路作為後臺！

正如一句著名的口號「我們正在邁進一個空間無限的時代」一樣，以往的稀有資源，現在變得唾手可得。

這個免費的空間到底有多大？也許目前沒有準確的答案，但一個不爭的事實是：客戶數量已經成為決定微博能否獲利的唯一因素。而免費服務，是吸引客戶的神奇手段！

在美國和歐洲，一些公司似乎在創建伊始，就充分考慮到推特可能發揮的作用。它們之所以蒸蒸日上，全有賴於推特的存在。

美國一家影片網站就是最好的例子。這家公司趕上了網際網路影片革命，在美國有很多個懷抱著這種IT夢想的年輕人，但是獨有這家小公司迅速成名了，其原因在於推特的誕生。

　　實際上，成名之後，它也被用戶稱為影片版的推特，你可以極其方便地用它來記錄、上傳和分享一段短暫的影片剪輯。對於其他人來說，以文字或影片的形式發布評論，是一件信手拈來的事情。

　　更能讓我們感受到推特時代一脈相承精神的地方在於，直到二〇〇九年九月，這家影片公司用戶發布了數百萬個的影片片段，而這些幾乎全部是業餘愛好者使用非專業的設備製作的。他們通常用的，不過是個人電腦或者手機上的攝影鏡頭而已。

　　這家公司的創始人為穆勒，二〇〇七年他走入創業的輝煌起點，兩年後，因為一個偶然機會，他透過將自己與聯合國前秘書長安南的對話影片透過推特分享給用戶，無意間開創了一種全新的互動影片新聞模式。

　　而這一成就的取得，是因為推特的存在，所以傳統的廣告宣傳和公關成本為零。

　　免費經濟的精髓，在於透過網路將分散在各地的一大批人的力量匯聚在一起，形成偉大的合力，創造出驚人的財富。離開了免費經濟的匯聚作用，不同網路用戶的力量一般而言都是微不足道的。

　　事實已經證明，免費經濟模式，已經處在變革的前夕，其創造利潤並奠定競爭優勢的先導性讓我們幾乎摸到了未來的門鎖。

　　現在我們要做的，是找到合適的工具將草根匯聚成那把開啟大門的鑰匙！

　　試想一下，也許，這把鑰匙就掌握在你手裏。在微博上，一切皆有可能！

TIPS：一定要知道的小應用

微博上的這些小應用，你用了沒有？

記錄你的健康報告

每個人都應該關注自己的健康。用文字記錄？太麻煩！透過「健康生活日記」你不需輸入任何文字，只需輕鬆地點選，即可完成一篇健康日記。使用新浪微博帳號一鍵登錄後，你就可以看到自己的健康生活日記，包括最近七天的健康生活評分，以及大家的健康生活評分。當然想要清楚地瞭解自己最近七天的健康生活評分，是要每天都寫健康生活日記的，透過每天的日記記錄，用戶每週會得到一份健康週報，透過它，你可以看看自己本周的生活是否健康合理。

給好友送首歌

好友的生日快到了，對於一天到晚泡在微博上的他，送上一份怎樣的生日禮物才好呢？試試點歌台吧！它提供了豐富的MV庫，這幾乎包含了目前所有主流熱門歌手的MV作品。透過清新的範本，你只需簡單的四步即可把富有新意的音樂MV賀卡透過新浪微博送給好友傳達祝福，還可以發私信呢。

你有明星臉嗎？

就算當不了明星，有一張和明星相似的臉也是不錯的吧。透過「明星像」這個應用，上傳一張幸福感強的單人照片，當然，臉部要清晰無遮擋，你馬上就能知道照片中的自己和哪個明星最像。靚男美女們，快來比比看吧！

上微博，看團購

喜歡團購又喜歡微博的朋友，現在可以透過基於新浪微博的團購導航網站「微團」，來找自己喜歡的東西了。用戶可以透過選擇訂閱地區和分類，選擇價格、網站、關鍵字完成訂閱。目前，微團收錄了拉手網、糯米團、大眾點評團、聚齊網、團購王、一起呀、新浪團等多家團

購網站內容。你還可以透過「好友動態」、「微團社區」、「購物願望」等頻道與其他博友互動。

微博上面易個容

想變成張柏芝？不難！「易容道館」利用人臉識別技術，可把你的五官「變」成偶像明星模樣，不開刀、不整容，只需在電腦前操作三步就可以實現了。當然，你首先要上傳一張自己的照片，然後選擇明星的範本，比如「張柏芝」。點擊「易容」，一張酷似張柏芝的臉就出來了，有趣吧。

只要你註冊了一個微博帳號，你就可以在這個平臺上隨時隨地產生微內容，不管是一個字還是半句話，不管它有沒有資訊內涵，每一則微博都會成為這個平臺上的一個碎片。世界盃舉辦的那些夏夜，僅新浪微博，每秒鐘就可以生產出三千條「觀賽心得」。

第四章

微博時代的綠色情商

如果在二〇一〇年中秋節前那個下著小雨的週末夜，你恰好被堵在大馬路上的車陣裏，已經在車裏「嗑掉了一個桃子，兩小袋話梅，一袋王子麵，半瓶運動飲料，看了三頁雜誌，感到有些尿急」，但前面的車仍沒有往前移動的跡象時，你能怎麼辦？

網友「DoubleR」就這樣被困在車裏四十分鐘——以上細節均出自他的微博。在那個糟糕的夜晚，除了廣播裏喋喋不休的路況資訊和微博上的牢騷外，還有什麼能讓你產生「我們同在」的心理平衡感？

這是屬於微博的夜晚。

「因國家工商總局門前路口大堵車，月壇北街、釣魚臺這一塊的車子寸步難行，許多人選擇步行。」

「從海澱橋到魯谷，平常二十分鐘的路走了一小時十分鐘。萬幸，出來了。」

這些微博的發送者，包括網友「鄧小楷」，還有新浪微博運營總監曹增輝。在那個夜晚，無數個微博用戶像他們一樣，困守路上，靠

一百四十個字陪伴著自己。

從QQ到MSN，從Facebook到開心網、人人網，從網誌到微博，一個「錯綜複雜」的網路社交世界正在形成，它在分分秒秒改變著資訊的產生和傳播的方式，改變著我們。

這樣的情景，每一天都在發生：你一早醒來，發現自己，發現周邊的人，都忙著「織圍脖」。

在微博裏生活，還是在生活裏微博？

網友「fell」的友鄰最近發現，不管是打開開心網、新浪微博還是豆瓣網的頁面，滿篇全是他的「足跡」。九月二十六日這一天，從早上十點到晚上八點，「fell」依次去了寧波銀行徐匯支行領錢、到理光相機上海送修點修相機、去香港廣場Apple Store零售店、去許留山吃甜品、在振江川菜館吃晚飯，透過手機和「街旁網」發了八則微博、開心網記錄和豆瓣廣播。

有人說他是暴露狂：「別人follow著你，就可以畫出你的軌跡，跟蹤你。」

「我覺得『炫耀』的成分更大一些：我又在什麼地方吃喝玩樂。」網友「fell」這樣說。在這個「八〇後」研究生看來，每個人的心中，都住著一個暴露狂。

只要你願意，微博就可以讓你的生活隨時調到現場直播。據日前發布的DCCI中國網際網路微博與社區調查研究報告顯示，64.9％的女性用戶、48.3％的男性用戶喜歡用微博記錄自己的心情。不論是哪一個世代的用戶，他們在微博上最關注的，都是「心情狀態」。

如果你在微博上有一百個粉絲，那就意味著不管是開心、牢騷還是抱怨，你的情緒都會被一百個人分享，你甚至可以向全世界撒嬌。根據加拿大媒體分析機構對推特的研究顯示，追隨者愈多，該用戶所發的推

文（微博）也愈多，一旦追隨者人數達一百人，推特用戶平均每天所發的推文數量便達三條至六條；如果追隨者人數超過一千七百五十人，該用戶平均每天發的推文數最多可達十條。

「究竟有誰會在乎我一天二十四小時都在做些什麼？」《紐約時報》援引了一位專欄作家對推特的質疑，「連我自己都不在乎。」

前加州大學柏克萊分校資訊科學教授、現任雅虎首席科學家的馬克‧戴維斯指出，也許微博上並沒有一條重要的消息，但這「就像你跟別人坐在一起時，你望過去，對方朝你微微一笑；你坐在這兒讀報紙，做些瑣碎的事情，同時也讓別人知道，你覺察著他們的存在一樣」。這種「直播癖」，被認為與「社交孤獨症」密切相關。

學者李銀河被多次轉載的一則微博這樣寫道：「我之所以至今仍停留在網誌階段沒進入微博階段，是因為聽了一個朋友的話：寫網誌是為了讓人知道你的思想；寫微博是為了讓人知道你的生活。我現在還沒進化到讓人瞭解我生活的階段，想讓別人知道自己生活的不外乎兩種：一種是孤獨得厲害，一種是自我膨脹得厲害。我既不孤獨也不膨脹，所以不寫微博。」

但北京大學新聞與傳播學院副教授胡泳並不認同李銀河這一說法。「不能對微博和網誌等內涵極其豐富並且還在演進過程中的媒介做這樣的斷言。在古代，思想都是以箴言的形式出現，比如《論語》裏的很多東西都很像微博，很短，但你不能說它沒有思想。在使用過程中，用戶從來都不會是媒體被動的接受者、被動的使用者。比較高的境界，不是媒介用你，而是你用媒介；你要駕馭媒介，而不是被媒介所左右。」

二十四歲的韓旭在微博上與未來老闆的一個「搭訕」，讓他如願以償拿到這家公司的工作。面試前一天，這家公司的執行長在微博上發表了關於電子商務的討論，韓旭評論後「@」了他，沒過多久，韓旭就收到執行長的私信：「Allen，能講講這幾家的區別麼？」第二天，韓旭在面試中有意提了昨天微博上的討論，這位執行長才發現，眼前這個小

夥子就是昨天在微博上和他討論的那個「Allen」。韓旭知道這麼做會增加勝算，只是沒想到「能有這麼好的效果」。

Facebook網站執行長曾說，未來的一切都將是「社會化」的。但這種「社會化」的黏度和速度還是讓一些人感到措手不及。週一下午，一個編輯在報社排完版後打開微博想轉換思緒，但她突然發現，一位作者在三個小時前發來一封私信，告訴她上午傳來的稿子有重大改動。這封意外的「郵件」讓她覺得不可理喻：「他有我的MSN，也有我的手機號碼，不明白為什麼非要發私信給我？我不可能隨時掛在微博上面。」

包括Facebook、開心網、推特在內的社群媒體，都想把現實中的社會關係映射到網路中。新浪微博運營總監曹增輝說：「希望微博這個平臺和用戶的生活關聯度更高。除了交流之外，它還是一個生活服務資訊的平臺；它不僅僅是一個網上社會，也應該是一個人們各種線下行為在網上的真實呈現。」但是，學者對此似乎抱有更多的警惕。「微博不能成為生活的全部，也不能成為媒介世界的全部，要保持多種媒介通道暢通，還要有現實的人際交往關係。」胡泳說。

「微＋博」時代──我們用行動來思考

很多人在第一次使用微博的時候，都會對這種媒體產品看起來有些混亂的介面感到不適應：微博內容與用戶名使用同樣字體混合排放在一起，雖然每個用戶名前有一個小小的@符號，同時還有字體顏色上的區分，但在快速瀏覽時還是難以分辨，加上多達數次的轉發與評論，以及網頁聯結、表情符號等，微博頁面顯得嘈雜無序，甚至有些混亂。

不知所云──這是我剛開始接觸微博時的第一感受，就像在一個公共場合隱隱約約聽到一群人圍坐而談，時而能聽到一些讓我感興趣的隻言片語，仔細一聽卻又聽不清楚，雖然乾脆選擇不聽，但那種竊竊私

語總是在耳邊揮之不去。這種不算太美妙的使用體驗讓我一開始並不看好微博在中國的市場前景，我猜想它的命運也許會像RSS Feed等那些曾經被看好的網路應用程式一樣，因為介面的門檻而成為極其小眾的產品。

不過，隨著新浪微博在二○一○年的迅速流行和普及，我開始明白，微博固然跟所有媒體產品一樣有缺陷，但我是在用一種傳統媒體的介面標準來衡量一種新生的媒體產品，因而忽視了它無法比擬的優勢——快。資訊帶著剛出爐的熱氣撲面而來，迅速到接近於即時。雖然幾乎沒有門檻的發布方式讓微博內容顯得原始而粗糙，但它讓資訊傳播的平臺變得前所未有的平等，不管是一國政府還是一介草民，每人擁有的都是一百四十個字以下的空間，而個人傳播的深度和影響力，完全取決於網友們的群體選擇。

微博的鼻祖推特曾將自己比喻為「地球的脈搏」，它的願景是讓資訊像脈搏一樣讓人幾乎能夠同步感知，儘管這種資訊的內涵可能異常簡單。如果不是在電腦螢幕，而是在手機螢幕上顯示，微博介面極盡精簡的好處會立刻得到體現，原本有些抓不住重點的頁面一目瞭然，關鍵資訊會自動躍入眼簾，微博是一個為即將到來的行動上網時代所打造的產品。

這些產品上的優勢還不足以解釋為什麼微博會在二○一○年成為最引人矚目的社會現象。「微網誌」成為不少媒體推選的年度人物，微博在二○一○年每一件重大社會事件中幾乎都扮演了重大角色，創新工廠創始人李開復新書的名字甚至叫做《微博：改變一切》。

這個小小的媒體產品如何能夠改變一切？

我個人對此的理解是：我們的認知方式在很大程度上決定了行為，而微博恰恰是我們對世界認知碎片化、行動即時化的一個代表性產物。科技作家尼古拉斯‧卡爾最近在他的《淺薄——互聯網如何毒化了我們的大腦》一書中指出，媒體介面影響並塑造人們的認知方式，因此，在

「記憶外包」的網路時代，人們已經愈來愈難以專注和進行深度思考，從而變得空洞和淺薄。

對於這一現象，很多人都有類似的觀察，但未必會得出相同的結論，正如《紐約時報》對該書樂觀回應道：「我們可能被迫進入智力上的淺薄地帶，不過這些淺薄地帶會跟海洋一樣寬廣。」另一位技術樂觀派，全球著名的新經濟學家和商業策略大師唐·泰普斯科特也認為，網際網路讓下一代比上一代更聰明，他甚至宣稱從二戰後不同代際人的智商測試資料中得到了實證支持，並認為我們已經進入了一個下一代教育上一代人的「後喻時代」。

深入與廣博，淺薄與狹窄，很難說哪個一定更好或者一定更糟。

不過，不得不承認的是，我們的認知和思維方式其實已經深深被碎片化的資訊傳播方式所影響，我們正在集體成為一群「什麼都知道一點，但什麼都知道得不多」的人，在這一點上，「微博」這個詞用得是恰如其分——細微而又廣博。

伴隨著簡化的資訊創造和傳播過程而來的，還有更加直接迅捷的行動方式，跟坐而論道的「網誌」相比，「微網誌」的形象更接近於風塵僕僕的行動者，也許是因為微博極其有限的內容量，使其本身具有難以辯駁的清晰度和指向性。有人用這樣一個生動的例子來說明微博時代的特色：當專家們用一篇篇文章層層深入地探討二氧化碳排放與氣候升溫之間的內在關係時，微博主則用手機拍攝自己在石油公司前抗議的身影，並且欣喜地發現自己的粉絲數量又增加了一倍……不得不承認，年輕人正在用隨手便Google一下的萬事通精神和迅捷的即時反應，來代替上一代人的研讀經典與深思熟慮。

這種對於當下的沉迷，讓有「矽谷預言家」之稱的凱文·凱利在他的中國之行中時常感覺到與群眾難以接軌的無奈，他想談論的是長期的氣候趨勢，而人們想知道的卻是明天會不會下雨。不過，凱文·凱利對於底層結構、社會秩序的重塑和群體智慧表現出了十足的信心。

如果我們樂觀地來看，微博時代，我們並不是不思考了，而是將思考變成了一種更加外在化的方式，或者說，我們是用行動來思考。

微博的類型、傳播特點以及優勢

當今，由於微博的普及所帶來的種種問題很值得我們去思索和探究，而微型網誌的新興傳播形式，較傳統網誌、BBS等傳播形式有著得天獨厚的優勢並存在著極大的潛力。

以星巴克為例，星巴克斥資數百萬美元在六個城市中展開海報行銷計畫，且利用社交網路的力量鼓勵民眾尋找週二的星巴克海報，並讓他們在第一時間將其圖片張貼到推特上。這不僅可以有效地宣傳品牌，而且還能鼓勵民眾搜索星巴克的廣告資訊。

細分、垂直的優勢在於為市場提供了精準的客戶群，進而實現精準的廣告投放和互動行銷，促使微博儘快實現盈利。

以最具影響力的新浪微博為例，新浪微博的宣傳語：隨意記錄生活，即使只是一句話、一張照片、一個聯結。

新浪微博目前在微博界應屬佼佼者，它自創的品牌及獨樹一幟的特色，其中最引人注目的應屬名人效應，這裏的名人不單單指影視明星，各界人士都被網羅其中，姚晨、趙薇、潘石屹、小S等點擊率較高的名人發揮不小的作用，並自然產生招攬的效果，吸引了大量的新用戶註冊新浪微博，這是繼中國知名演員徐靜蕾新浪網誌點擊居首掀起網誌浪潮後的新浪又一波。

新浪微博還詼諧地玩起了諧音，微博即「圍脖」，貼上了這樣的標籤，不能不說是一種大膽前衛的創新。

新浪微博可以進行如下分類：

一類是「頭條新聞型」，它能最迅速地對當下的新聞進行播報，用簡短的一百四十個字濃縮表達，讓用戶最快瞭解到這些新聞大事；

第二類是「**教育導讀型**」，它像一些文化知名人士，學者教授，會對青少年進行心靈導讀，分享人生經驗；

第三類是「**經濟傳播理念型**」，它如一些知名經濟學家，企業家等把自己的心得分享給大家；

第四類是「**明星一族**」，明星們為了提高知名度，大力宣傳自己，會時常在微博上發一些生活照或者劇照，引起粉絲熱烈追隨；

最後一類就是**我們大多數人**，沒事書寫心情，發發牢騷，最多的還是轉發資訊。

微博興盛之後，網誌成為明日黃花，而這只用了短短不到五年的時間。令人感慨十倍速時代的迅猛，要求人們必須具備一個靈活好學的大腦。

快節奏的生活，快節奏的資訊，碎片化的閱讀，正成為**趨勢**。你不得不將自己的意思變成電報語言，否則人們沒有耐心閱讀。

草根傳播

草根這個代名詞並不陌生，出自一般民眾的素人明星愈來愈多，微博這個新生小媒體，使得愈來愈多的素人脫穎而出，它意味著全民狂歡時代的到來，不得不說在某種程度上，微博極大地滿足了素人的傳播欲望。當下是一個資訊爆炸的時代，任何一個有見地有思想的平民老百姓都可以透過微博傳播資訊，作家們之間的文學觀點會引發語言爭戰，明星之間某些經意和不經意散布的消息，會引起群眾的注意力，而某些人透過自我炒作而一夜成名……我們每一個人都擁有言論自由，可以隨感而發。對於一般民眾來說，微博提供了一個很好的平臺。

低文學門檻

相對於傳統的網誌而言，微博更加適用於我們老百姓，它不要求你具有較強的語言邏輯、文學素養，只要你有話要說，就像跟朋友聊天一

樣，吃飯，睡覺，吐露心情，發牢騷都可以。而當我們發網誌時就大不相同了，需要排版，需要構思，有一個整體的思路。網誌通常是長篇大論，在忙碌的工作和生活中，並不是每個人都有時間去寫文章，更不要說寫網誌了，但是微博就不同，我們不用束縛於文學性的創作，只要你有話要說，就可以隨時寫微博。

通訊簡便快捷

微博就像速食麵一樣，即時、簡單、方便、快捷，它受廣大民眾的喜愛與追捧，似乎成了生活的一部分。捷運裏，公車上，大街上，到處都可以看到拿著手機發微博的人們。這種方式輕鬆沒有束縛，大大增加了使用的興趣。即使不會使用電腦，只要會發多媒體簡訊或文字簡訊就可以隨即使用。手機的便利性使得傳播者幾乎可以隨時隨地更新日誌與心情，這就確保所更新內容的新鮮性，使得要傳播的資訊不會因為中途遇到過多的影響因素而發生變質。

手機微博篇幅的短小使傳播者不用花太多的語言去鋪陳排比，日常生活中的兩三句話，給受眾的卻是傳統媒介花大氣力也無法給予的親切又真實的感覺。依託微博無與倫比的便利性和強大的即時互動性，使利用手機微博傳播資訊的成本變得那麼微不足道，此外手機微博近於話家常似的交流模式使資訊傳播的內容更容易為人們所接受。

高互動性

微博有很強的互動性，可以擴大個人在人際圈的影響力。這一點不僅僅適用於我們大多數普通人，也適用於明星、企業家、名人等等。

微型網誌上採取的是可以點對點、點對多點的跟隨方式來交流，結合隨機性和固定性。微博首頁上通常會隨機播放用戶最新更新的文字與圖片，可以在第一時間搜集到第一手資料與動態追蹤。遇到你感興趣的人，只需要對他或她點擊關注，就可以即時看到對方的更新，既可以互

相關注，也可以單方面關注。可以隨時取消關注，也可隨機關注。結交新朋友，同時也可以搜索自己熟悉的朋友同事或者名人。

我們可以在網路瀏覽器和手機中方便地管理自己的好友。行動終端提供的多媒體化與便利性，使得微型網誌用戶體驗的黏性愈來愈強。

新浪微博從一個「後起之秀」，現在變成中國最紅的微博之一，這是因為它緊緊把握了「名人效應」，邀請了大量企業界、娛樂圈、體育界的名流開通微博。因為湖南衛視的電視劇《宮鎖心玉》而一炮走紅的女主角楊冪，其粉絲至今已經迅速的超越了四百萬，她微博的轉發與評論量已經超過了二萬多條。還有在微博上發表離職聲明的李開復，至今在微博關注量排行榜名列前十。

裂變傳播方式

微博的傳播方式不再是傳統的一對一的「線性傳播」，而是一種「裂變」的傳播方式，它的傳播面廣大，傳播速度是前所未見的。

近期的調查顯示：有94.3％的用戶表示，微博正在逐漸改變他們的生活。微博有轉發的功能，一則消息只要我們一轉發就會成千上萬地傳播，迅速引起更多人的關注，這種轉發有著巨大的社會影響力與號召力，一些名人可以利用自己的高關注度，轉發一些社會消息，比如走失兒童、患病兒童、號召捐款，成功地吸引各大醫院跟廠商的贊助經費，這種互動是單雙的最好結合，我們可以關注自己想瞭解的人，也可以被關注，交到世界各地的博友。這種傳播力量是驚人的，現在的生活可說是已經愈來愈離不開微博的這種號召力了。

微博的發展前景探析

微博具有獨特且其他形式無法比擬的傳播優勢，這幾年，微博迅速成長並壯大，但是這裏有一點是要注意的，微博是新興的傳播工具，所以有很大的空間有待人們去發展改善、等待它走向成熟。

　　人們非常關心的是微博的生命力問題，因為直至今日，微博並沒有出現一個系統化的盈利模式，它能否持久是一個關鍵性問題，從西方到中國，似乎這類網站都停留在吸引並發展用戶，穩定用戶群，但是並沒有出現一套周全的商業營運模式。由於微博用戶每天隨時隨地都在發布消息，不計其數，給微博帶來的問題就是資訊繁冗，那麼久而久之，人們會不會對這些紛繁重複的資訊產生厭倦心理呢？

　　再比如說微博內容缺乏監管，資訊源缺乏可信度，有時甚至成為謠言的溫床；資訊鬆散、混亂，無組織性；傳播廣度有限；等等。

　　另外還有一個問題，就是隨著微博的迅速發展，類似的相關網站也應運而生。各家微博內容和風格都大相徑庭，競爭也就更加激烈，彼此都在爭先恐後，尋找突破口，以新特點、新特性來吸引廣大用戶目光，來確保穩居不敗之地……

　　繼SNS和網誌之後，微博風暴席捲中國，迅速成為中國網路業界一個炙手可熱的焦點！

不同世代都在微博上做什麼？

　　過去在傳統媒體主導的Web1.0時代，是媒體製造好了內容，展現給所有受眾，因此很多網頁上內容可以搭載傳播者的目的。但是在社交媒體發展的時代，傳播已經變成了所有人對所有人的傳播，每個人都可能成為傳播的中心和新聞的源頭。

　　由於微博短小（一百四十字），發送資訊方便（用手機簡訊就可以發送），徹底改變了資訊傳播的模式，任何一個人都可以即時傳遞自己身邊的第一手資訊，那些微小的資訊可能得到加強並引起廣泛傳播。這種自媒體引發的媒體變革和資訊革命是空前的，它直接顛覆了過去由主流媒體主導傳播的格局。

　　網誌和微博，都側重於狀態和分享，但微博的重要屬性更在於關注

自我、隨時隨地反映心情和狀態：我在想什麼、做什麼、我知道什麼，這讓微博成為所有社交媒體中，最為即時性的資訊傳播平臺。

新奇、活躍與熟人效應

微博用戶具有比較高的活躍度，其使用頻率在社交媒體當中，排在即時通訊軟體（八成以上用戶每日必用）及社群網站之後，名列第三。有25％的微博用戶每天發布微博資訊在十條以上，51.4％每天發布在十條以內，在本次調查的用戶中，微博資訊每日平均發布數量為十二條。如果按照目前四千萬用戶計算，則每天微博用戶發布的資訊為四點八億條，這個數量是非常驚人的。

中國人的社交半徑較窄，「熟人效應」比較明顯，這一特點充分體現在微博上。調查發現，微博用戶的關注焦點首先是個人微博，其次是名人和有影響力的人。按比例，微博用戶有72％關注朋友，55％關注同事，48％關注名人，42％關注人氣高的用戶。媒體微博、企業品牌微博的關注度目前還較低。

微博上的七〇／八〇／九〇後

七〇後在微博上好為人師，製造深度話題；八〇後對微博的話題參與和活躍度較高；九〇後基本就是娛樂。

在使用微博上，七〇後和八〇後的微博粉絲圈正在彰顯著巨大的關係影響力。七〇後圍脖們十分重視家人，同事、朋友已成為「我」生命成就的組成部分，客戶亦是不時聯絡、加以維護的職業伴侶。

對於八〇後而言，同事、朋友是「我」的擁護者，家人和陌生人亦是微博的主力成員，我還得時刻關注他人，結交新朋友。

九〇後在同學、共同興趣愛好、微博互動人群中的粉絲影響力並不遜色於八〇後、七〇後，尤其是在校友群體中，具有良好的雪球效應基礎。當九〇後踏入社會後，作用不可小覷。

 品牌？廣告？明星？——你在關注什麼？

有65％的人曾在微博上追隨過品牌。這些人看到某個品牌有新資訊，就會轉發和關注，而且會將這個品牌加為自己的「關注」，參與品牌發起的活動。

他們為什麼追隨這個品牌？

74％的人是因為喜歡這個品牌，46.5％是因為品牌發起了有趣的互動活動。這說明微博具有行銷的基礎。

讓人們追隨品牌，要求企業架設好自己的網路空間。某八〇後上海私人公司業主表示，「如果好友發文說某品牌是他關注的，而我不瞭解，我會刻意查一下。如果查到有官方網站，清楚明確，我會相信它；如果查不到，或是版面雜亂，跳出很多網頁遊戲，我會很反感。」

那麼，借助微博來做行銷，用戶會如何看待？

83％參與調查的微博用戶表示，在微博中可以接受發布有關產品和品牌的資訊，這說明他們有一定的包容度，同時，他們對別人微博裏提到的品牌資訊的態度基本是正面的；會關注和覺得更具吸引力的用戶占全體的50％和35％，只有10％的人會產生反感。

當然，他們對微博上的品牌資訊或廣告是有要求的，並不是所有傳統廣告都可以照搬到微博上。有微博用戶表示，可以用微博上的明星來傳播品牌資訊，但是要有限度，不能總是讓明星傳播商業資訊。某八〇後微博用戶說，「看見廣告並不是壞事，要看是什麼樣的行銷模式和創意，平庸及有害視力的都不喜歡，給予生活趣味、啟發、便利、幽默、有美感可尋的更容易被接受，甚至轉發。」

微博用戶最關注的品牌

產品微博：一、科技數位（67％）；二、家電產品（51％）；三、食品（49％）；四、服裝（48％）；五、汽車（48％）。

這些產品類別無疑可以大膽使用微博行銷來提升品牌知名度。正如一個八○後微博用戶所說的：「我很願意關注一個產品的品牌微博，比如知名的科技數位品牌，看看又有哪些新產品，即便不買，它也肯定是朋友圈、辦公室裏的一個重要話題。」

微博還將其他社交媒體聯合在一起，例如影片、圖片、地圖、搜索等等，可以成為企業社交媒體整合行銷的中心。

調查發現，80％以上的用戶使用微博進行過資訊搜索，微博上的搜索是結合新聞和焦點話題的工具；87％的人會在瀏覽微博時主動點擊微博中的網站聯結，並且轉到新聯結網站。

因此，微博已經成為一個新的聚合資訊、尋找資訊和聯結的平臺，它是一個引導消費者實現不同平臺之間互動的視窗，影片網站上有趣的影片、網際網路上最新的新聞、專業人士的網誌文章、公司的網站等都可以透過微博吸引用戶，從而產生聯動。

一、迅速提升品牌知名度

透過促使微博用戶主動傳播，可以迅速提升品牌知名度。

世界盃期間，四三九九遊戲網站站長蔡文勝發了一則微博：「為感謝博友們支持，配合世界盃和大家互動一下。大家可以競猜世界盃最後四強排名。一、只要評論我這條微博，寫出四強順序，如例：一：阿根廷，二：德國，三：巴西，四：英格蘭。並轉發到你的微博留底。二、從現在開始七十二小時內回覆有效。會以最先回覆時間來計算前三十二位猜中者，送出三十二部iPhone4。」簡單的一個活動，匯集了三十萬人的參與量，同時這數十萬人把蔡文勝和「四三九九」記住了。

二、宣傳新產品和新服務

中國知名火鍋業者海底撈，透過微博舉辦「火鍋外賣」的新服務宣傳活動。博友丁丁張在微博上發布：「海底撈提供外送服務，透過網

站訂餐，限定區域內一小時三十分可送達，看看他們能送來什麼：電磁爐、鍋子、三把勺子，按人數提供圍裙、餐巾、大垃圾桶及垃圾袋、相關菜品、底料、蘸料、袋裝蔥花和袋裝香菜，還送花生米和西瓜——最厲害的是鍋和電磁爐，送來的人說不必付押金，定好時間會來收。」在短短的時間當中，這條微博就被評論幾千次和轉發上千次，而且轉發和評論的都是最有影響力的用戶。

三、低成本行銷

二〇一〇年五月十七日，新浪微博上出現一個很有意思的ID：理想大廈地下一樓便利店。這個成立了不到兩天的微博帳號引發了「小範圍」關注，它的第一則微博如下：「我是理想國際地下一樓便利店，我開微博了，我會每天更新新品，大家如果有需要的商品可以給我發私信、@我、給我評論都可以，我們就給大家送上去。格式：商品名稱、數量、樓層、分機號等聯繫方式。」在不到兩天時間，該條微博引發了三百六十一次轉發和一百六十九個評論——這對於一個只擁有四百七十個好友的「小影響力」帳號來說，是一個不小的數字。

四、為公關服務

微博在公關服務上既是推手，同時又是快刀和利劍，如何才能在別人的快刀當中不被砍死？

首先，企業要在微博上建立自己的用戶群體；其次，企業透過微博與記者、博主以及其他媒體人建立關係，透過微博進行危機公關、輿情監測從而發現問題的跡象，並及時解決。

中國扶貧基金會收到了一條質疑他們的負面微博私信，還有一條用戶的負面微博，他們即時把這個私信轉發到自己微博上，然後對資訊進行回應和解讀，最後由被動變為主動，化解危機。

五、用微博跟蹤和整合品牌傳播活動

在微博上，很多消費者的回應率和行為都是可以計量的，這有利於整合線上線下的傳播活動。世界盃期間，伊利公司為產品營養舒化奶開設了「活力寶貝」微博，將產品特點與世界盃元素相結合，設計了一系列互動活動，微博粉絲數量在短短一個半月就超過七萬人。

六、客戶服務

微博可以經常回饋一些服務資訊，及時消除顧客的抱怨。Zappos.com以網上賣鞋起家，現在已經變成一個名副其實的網路百貨商場，其首席執行官Tony Hsieh以執行長的名義開了推特帳戶，擁有一百六十九萬之多的追隨者，他非常坦誠地與用戶溝通，表明Zappos樂於接近客戶、瞭解客戶的態度，在交流中建立開放誠實的關係，給整個公司的品牌帶來了積極的影響。

每一條微博都是另一條微博的品管員

《華盛頓郵報》專欄作家Mike Wise本打算做個實驗，看看一條假消息在網上的傳播能有多快。他在推特上發表了一條錯誤消息：美式足球大聯盟，匹茲堡鋼鐵人隊四分衛羅斯里斯伯格，將停賽五場（其實應該是六場）。

Mike在推特上有三千多個粉絲，這條錯誤資訊很快被「轉推」起來。當天晚上，他因傳播假消息被報社停職一個月。這位至少有十五年從業經歷的記者事後表示，自己犯了個「可怕的錯誤」。他在推特上向所有被捲入這件事的人道歉，「但最後，它證明我猜想的是對的——沒人查證事實或出處」。

在微博的世界裏，傳播消息變得格外容易，只需點一個「轉帖」的按鈕，消息便可迅速傳播。據CNN最近一項調查顯示，社交網路已成為新聞分享最大的管道。43％的新聞透過Facebook、推特、YouTube

和MySpace被分享。除此之外，快速傳播的還有報刊上閱讀不到的隱秘資訊，以及各路未經驗證的傳聞。

路透社在《網路報導守則》中要求記者在轉帖時「一刻也不能喪失判斷力」，但這樣的要求，對一般網友來說，是否有些高呢？

二〇一〇年中秋節前北京那場交通大堵塞中，一張名為「北京大堵車」的圖片曾在新浪微博被多次轉帖。一天後，臺灣樂評人馬世芳發微博指出，這張照片是根據十年前攝於洛杉磯的照片經過PS（影像處理）的，並貼上了原圖對比。這時網友才發現，北京的路的確沒有雙向十線道，北京城裏也不會有山。「連海峽對岸的同胞都看出塞車圖片是PS的，但還是有那麼多生活在北京的人被騙。這是為什麼呢？路兩旁的綠色，也沒讓你懷疑一下嗎？」一位網友這樣質疑。

「這不能怪工具，還是人的問題。有的人用它洩憤，也會有假新聞。在微博裏識破假資訊也很容易，經常有人轉發時就指出來了。」北京大學中文系教授張頤武說。

張頤武本人很少在微博上轉帖，偶爾轉發的也是大媒體報導的、經過驗證的消息。「微博讓人更成熟地去觀察事物，對人性的複雜性更多一分理解。它就像一個自由市場，需要你增加鑒別力。如果你不沉溺、能保持清醒，不傳播不可靠的資訊，就容易在微博上建立好聲譽。」

「網友應該鍛煉辨別網路上真假資訊的能力，它事關每一個人。這是你在資訊時代必要的資訊素養。」北京大學新聞與傳播學院副教授胡泳說，「對網際網路上的很多東西要有懷疑主義精神，特別是那些看上去『很有料的』、感覺很容易傳播的東西，一定要在心裏多打幾個問號，一定要看看這個資訊是不是有可靠的來源，是不是有多個來源，是不是由比較有公信力的來源提供。首先必須對資訊作幾各方面的分析，無論是傳播、還是評論，腦子裏都要有這根弦。因為，在今天資訊孤島狀態已被打破，大家都在一個共同體內生活。如果沒有這樣的辨識能力，就很容易成為受害者，很容易成為從眾行為中的『羊群』。」

TIPS：你是微博控嗎？

一、今天忘了在瀏覽器位址欄輸入www.xxx.com（某微博網址），你會？

A．飯照吃，覺照睡

B．總覺得有些事情沒做，但又想不起來

C．手心冒汗、心神不寧

D．絕不可能發生這樣的事情

二、早晨起床第一件事你會做什麼？

A．上廁所

B．洗臉刷牙

C．打開電腦上網

D．在手機上用微博跟大家說早安

三、逛街時遇到小偷竊取路人財物，你會？

A．撥打一一〇

B．追上去幫忙捉小偷

C．掏出手機發微博

D．一邊追小偷一邊微博直播

四、下面哪個選項與微博無關？

A．唐駿學歷造假

B．「我爸是李剛」

C．金庸「被去世」

D．都有關

五、你在微博上做最多的事情是？

A．加關注，看人們八卦什麼

B．轉發，搶沙發

C．寫字，每次都用光一百四十個字

Ｄ‧直播，圖文並茂夠生動

六、看到有人在微博上求助，要尋回丟失的手機，你會？

Ａ‧簡直大海撈針，愛莫能助，不予理會

Ｂ‧勸他買新的吧

Ｃ‧馬上轉發，找更多的人幫他

Ｄ‧我是目擊者，幫他要回來

七、下面哪條微博你一定轉發？

Ａ‧轉發抽獎送iPad

Ｂ‧周立波上廁所

Ｃ‧「牛釘」被強拆

Ｄ‧一個不落，全部轉發

八、觀看足球比賽現場直播，球員射失一個「十二碼」，你會？

Ａ‧破口大罵，拍桌拍椅

Ｂ‧上某入口網站的文字直播頁面開罵

Ｃ‧上QQ，見群就開罵

Ｄ‧上微博，罵上一整晚

九、微博上有人說：「明天耶穌生日，全國人民放假一天，國家新增了一天假期。」你會？

Ａ‧視而不見，假消息

Ｂ‧半信半疑，問主管：「明天放假？」

Ｃ‧馬上轉發，把好消息告訴大家

Ｄ‧緊急安排明天的娛樂節目

十、自從學會了「織圍脖」以後，你是否有下面幾種生理小問題？

Ａ‧眼睛有點兒模糊，近視度數可能加深

Ｂ‧手指習慣性不規則抽筋

Ｃ‧頸椎經常疼痛

Ｄ‧全身骨頭都很痛，像剛跑完馬拉松一樣

評分標準：

以上A、B、C、D四個選項分別對應一分、二分、三分、四分，得分相加後便是你的自測題得分。

得分十分至十九分：你沒被微博操控，而是你操控微博。理性的你既保持對微博的關注，不至於落伍，又有冷靜的分析，保持獨立思考。

得分二十分至二十九分：你有被微博控的潛力，只要多下功夫勤練織圍脖的技術，假以時日，你會成為萬人迷，粉絲數量能超越「中國飛人」劉翔。

得分三十分至三十九分：你是天生的微博控，不用別人教你就會織圍脖，煽動圍觀者。連名人都是你的粉絲，甘拜下風。

得分四十分：你是傳說中的那個人，註定會坐上人氣最高的冠軍寶座，歷史等著你來改寫。

中 篇

一四〇個字的成功祕笈

無論你是否介入，微博上每天都有大量的和你相關的對話訊息出現，它們是海量的，有的是評論你的行業，有的是評論你的產品。和這些對話內容相對應的是大量聚集在各種微博上的活躍用戶，如果你不及時加入，你就會失去他們，同時失去許多機會。

如果你加入了，並且學會了和他們平等對話，他們就會成為你的粉絲，有的會成為你的宣傳大使。還有很重要的一點，就是他們都是免費的，是無償為你服務的。

第一章

天下有了「免費的午餐」

在微博上，更多有悟性的企業在摸索和創新，他們用話題、搜索、群組、私信、關注，耐心地從海量的碎片資訊裏尋找屬於自己的客戶；他們用對話、知識、問候、獎勵、活動黏住自己的客戶；他們學習資料探勘和資料梳理，有效地提升忠誠客戶對微博行銷的參與能力，鼓勵他們用口碑、跟帖、轉發、聊天等工具，像意見領袖一樣影響更大範圍的受眾。

對話正在成為一種新的行銷模式，學會對話正在成為企業文化和員工優秀素質的內涵。「市場即對話」正在成為事實，網際網路已經進入對話的時代。

每個企業的微博行銷模式都是不盡相同的，但它們的共同點是都在尋找適合自己的對話模式。

現在的受眾，對產品和品牌資訊的涉獵已經有了自主選擇，他們更

多的是希望參與和體驗，是對話與平等溝通。因此對受眾的這種不可逆轉的變化，企業不應抗拒而應順應。

也許，目前還不是微博行銷的最佳時機，也許，微博行銷的最佳模式還沒有成型。但是可以確定的是，微博是企業的免費午餐，它能夠讓你在不花錢或少花錢的情況下提升企業的品牌知名度並發現潛在用戶，同時和已經擁有的客戶保持緊密的聯繫

 ## 微博給企業家帶來了什麼？

那麼微博能給企業家帶來什麼呢？

一、企業家能夠直接面向公眾（粉絲群），宣傳推廣企業的產品

當然這種行銷必須講究藝術性，必須以一種「潤物細無聲」的方式讓自己的產品進入網友的頭腦。如果像做一般廣告那樣赤裸裸地叫賣自己的產品，不僅不會吸引用戶的關注，只會適得其反，招致用戶的反感。

微博的出現，讓企業和消費者有了直接對話的便捷平臺，這不是郵件往來式的、一板一眼的對話，而是真正的互動——包括企業的態度、措辭和語氣都在接受著粉絲的評判。

在微博上，企業和客戶不再是單純的買賣關係，用好了，微博就能夠在企業用戶中培養出超越買賣的情感關係。與新聞用標題吸引讀者、靠點擊量衡量績效不同，與網誌的被動式閱讀也不同，微博相當於一個RSS（簡單訊息）集合，其主動推送功能更為及時和快捷。同時，微博透過大範圍討論，可以快速形成熱門話題，引起人們關注。

因為微博要藉由本身的吸引力來吸引網友的關注，所以如果只是記錄日常流水賬很難做到這一點，要吸引關注就必須確保微博發布的資訊有分享價值，有娛樂性。

　　二、企業家透過創建微博，一方面可以宣傳產品，另一方面也可以充分闡述自己的經營理念

　　員工是企業家微博的首要關注群體，最早的回饋資訊往往來自企業內部。員工訪問企業家微博，可以獲知領導者的所思所想，領會其理念和價值觀，掌握企業的工作中心和重點所在。如此一來，相當於企業家透過微博對員工進行潛移默化的教育和培訓，而這種培訓的效果是正式的、耳提面命式的培訓達不到的。因為在這裏，企業家與員工實現了更親密的交流溝通，更能培養起彼此的信任。

　　員工在訪問企業家微博時，會針對企業家的觀點提出自己的見解，其中往往不乏有價值的建議和意見，這對於企業家改進產品、瞭解員工的想法、發現人才都是非常有益的。這種企業內部的溝通交流，使得上情下達，下情上達，促進企業家與員工的技術、思想和情感交流，善莫大焉。暢通的內部溝通交流對於一個企業而言是至關重要的，而微博就是一個低成本、高效率、多用途的交流管道。

　　微博是互動性極強的產品。雖然網誌的閱讀者也可以在文章後面跟帖評論，但是只有在博主登錄網誌，點開跟帖後才能集中觀看、回覆。而微博卻能將用戶的評論即時顯示在個人首頁上並作出醒目的提示，促使你去和用戶對話、交流。

　　企業家不但能夠透過微博獲取網友（粉絲）的回饋資訊，而且能透過使用微博檢索工具，對與品牌、產品相關的話題進行更全面的監控，他們甚至可以引導粉絲參與公司的活動以及新產品的開發。

　　透過微博的廣而告之，企業家亦可使自己的產品為大眾所知曉，從而發展潛在的用戶。教育培訓機構新東方董事長俞敏洪的微博關注度極高，許多人就是透過他的微博瞭解新東方，建立起對新東方的信任，繼而成了新東方的追隨者。

三、當企業出現危機事件時，透過媒體消除負面影響是一個有效的方式

在微博裏，企業家能透過與網友的面對面交流，以誠懇的態度相對，從而更好地達到危機公關的目的。

二〇〇九年十一月初，由於物業糾紛，北京「建外SOHO」被傳將「停電停暖」。作為SOHO中國的掌門人，潘石屹在十一月十日發出了名為《建外SOHO雪天斷電停暖，居民急切等待政府救援》的求救信，在信中潘石屹提出了一個過渡方法——由潘所屬的北京丹石投資管理公司代理收繳物業費。

正是這封信將潘石屹推到了風口浪尖，CCTV報導稱建外SOHO很正常，停電停暖是潘石屹一手策劃的謠言，更有人推斷潘石屹此舉是為了讓自己的物業公司來接管建外SOHO。在面臨嚴重的公關危機時，潘石屹透過微博進行澄清。他措辭誠懇，首先在情感上贏得網友支持。這場風波讓潘石屹的微博粉絲激增至近三十萬，網友對潘石屹的好感轉化成對SOHO中國的口碑，SOHO文化因此而向更多的人傳播。

四、企業家的形象代表了企業的形象

微博有助於企業家樹立良好的個人形象。一個每天與網友娓娓談天的企業家，樹立的是一個親切、隨和的形象；一個時常與網友談人生、談成功經驗的企業家，樹立起的是青年導師的形象；一個在微博裏幫助尋人、慷慨捐款的企業家，樹立的是有愛心、有情感、熱心助人的形象。

「執行長情感行銷」在國外是一種十分流行的行銷方式，很多公司的領導人經常以普通人的身分在推特上與粉絲交流，讓顧客覺得他並不是一位高高在上、深不可測的企業高級主管，而是身邊的朋友或鄰居。比如維珍集團的執行長理查‧布蘭森和NBA小牛隊的老闆馬克‧庫班等。著名的「洞洞鞋」Zappos的執行長謝家華深諳微博交流之道，他

在推特很少談論Zappos本身，反而大談個人的喜怒哀樂。

潘石屹用微博為兒子的數學習題徵求答案。他說：「傳統的廣告等傳播方式是推向別人，別人是被動、躲避的。而微博是要用你的智慧、美來吸引別人關注你，是主動吸引的力量。」潘石屹還說：「所以就不能把它當成一個發廣告的地方，如果成天在上面做廣告，關注者都跑光了，你的廣告也就無效了。」

潘石屹有時也會發表幾段人生小哲理，如：「如果有人向你們挑釁，就設法和他交朋友；如果有人傷了你們的心，要成為治療他傷痛的藥膏；如果有人嘲弄你們，要以仁愛之心對待他。」

企業家維持在公眾前的曝光度，有助於樹立自身形象；相反，一個長期默默無聞的企業家，會逐漸被公眾忘記。而微博，正是一個讓企業家保持公眾關注度的有效工具，也正因為如此，微博才如此廣受企業家青睞，讓他們樂此不疲，流連忘返。

五、微博也提供了思想碰撞的機會

微博裏有著大量的社會各界菁英，他們對於同一問題，往往出現不同的看法。透過瞭解別人的觀點，企業家能夠對一件事物有更深入的認識，這對於在做決策時能提供幫助。

財經作家吳曉波在他的微博裏說：從中央經濟工作會議年報的資訊看，房貸優惠可能會延續。這是針對潘石屹之前的發言「二手房營業稅優惠到今年底就結束了」的預期提出的。吳曉波說：「如此，潘總，我要一條愛瑪仕的圍脖。」這件事被媒體挖出來之後，成為一次在微博裏展開的公開「對賭」。吳曉波發起對賭的第三天，政策出來了，營業稅優惠被取消，他一聲歎息：「失去了一條愛瑪仕的圍脖。」無論誰輸誰贏，這場觀點碰撞的本身就已令人印象深刻。

六、減少自閉自大

對娛樂圈的明星來說，把自己的內心想法攤在陽光下與大家共享，是常用的手段，現在企業家也如法炮製，企業家總是保持「線上」狀態從而讓自己產生更深刻的意義和更大的動力。從表面上看，這是企業家們在有意無意地行銷自我，其實，他們深層的想法是，試圖從微博天南地北的互動中汲取中國社會現下最新鮮生動的養分，減少自己因為自閉自大而可能帶來錯誤決策的機率。

智慧在民間，從微博裏總能發現奇思妙想和非常有價值的建言，這種思想的火花對於一個企業家的事業而言可能是非常珍貴的。

微博商業應用：助你輕鬆實現夢想

微博真正的商業用途一經發現，立刻吸引了許許多多的商人和行銷人員加入其中。微博的優點是使用方便，註冊更簡單。

在這裏我們來談談微博的應用。

基本應用

設置好帳戶後，你可以自定義個人資訊，添加頭像，以別具一格的圖片裝扮個性化背景，設置簡短的自我介紹，然後就可以開始關注其他用戶了。

通常你不會馬上就知道要關注誰，但可以透過標籤搜索來尋找，搜索你感興趣的詞語，然後根據用戶的貼近程度來選擇要跟隨的人。你很有可能會搜索出許多有著相似愛好和商業背景的用戶，這時你應該從所認識的熟人處尋找跟隨，特別是在你還不熟練的時候。

那麼如何讓別人關注你呢？最好的方法就是參與進來，查看其他人都在談論什麼並且發表你的觀點。你可以用「@用戶名」的方式來簡單回覆某條評論。此外，你還能夠透過新評論，哪些微博提到我等功能，及時地瞭解到人們對你的評價和看法。

業務目標應用

如果將微博當作收入來源，你可以考慮運用這樣的行銷策略：發布專門為推特用戶提供的優惠。也許你會想提供一種透過其他途徑無法獲得的優惠，那麼你可以透過推特來傳播只與你的發布帳戶相關聯的優惠券代碼；或者是自定義一個推特獨家優惠的聯結，然後只在推特上推廣這個促銷活動，而不透過其他的廣告管道發布。

你每週至少要發布一個讓大家有興趣談論的優惠，利用「轉推消息」來實現口碑行銷。為確保目標客戶知道你在使用微博，你可以在自己的網站上創建一個頁面公布自己的微博帳號，或者是在你給客戶的新聞郵件中發送更新消息，也可以在QQ、MSN的個人說明裏加入聯結。

客戶服務應用

在社會媒體中，不管你是否參與其中，關於你的話題總是會層出不窮。微博也是如此。假如你在某公司工作，那麼在微博上搜索你的公司可能會出現成百甚至上千的搜索結果，你可以獲取消費者的即時回饋，並且瞭解他們對貴公司服務及供應產品的看法。當然，你也可以以貴公司的名義回覆那些不太正面的評論。

企業管理應用

在公司內部，推特以各種出人意料的方式將員工緊密聯繫起來。美國某公司員工在推特上發消息說她想要一個起士漢堡，當然她並沒有真的期望漢堡從天而降。碰巧的是另一個員工在去買漢堡的路上看到了這條消息，於是在十分鐘之內，去買漢堡的員工便把起士漢堡送到了那個想要漢堡的員工桌前。

這種事情能夠幫助公司建立起內部的企業文化，使員工們有更多的機會彼此瞭解。透過推特，企業也可以把企業文化對外傳播。推特使每一個人都覺得自己是真真切切地在和人打交道，而不是面對著一個虛幻的公司或者總裁。

客戶開發應用

前面已經說明了微博是一種可以用來促進銷售、幫助客戶解決問題以及提高品牌知名度的工具。那麼它有沒有可能幫助我們定位用戶並發現潛在用戶呢？

有一個很有趣的開發客戶的案例。在這個例子中，兩家公司同時爭取一位顧客。這位顧客是一名醫生，A公司技術支援代表傲慢的服務態度令他感到非常不滿，於是他在微博上表達了對A公司的失望。隨即，另一位A公司的代表便向醫生道歉並提供支援。

但是注意到這位醫生不滿情緒的並不只是A公司，B公司的代表同樣也發現了醫生對與A公司客服人員的接洽感到失望。

起初，B公司只是想透過提供一些技術方面的建議來幫助這位醫生解決問題，但是在明顯看出這位醫生不打算繼續使用A公司提供的服務後，B公司就在一個週末（至少是一個週末）從旁協助他轉用B公司的服務。而由於A公司在微博上及時地提供了客戶服務，醫生也沒有再發表針對A公司的負面評論。

所以，對於個人來說，如果客戶服務使你感到煩躁，那麼你所要做的就是在微博上發布消息，引起公司的注意，讓他們聽你說話。

而對於企業來說，要怎樣才能在微博上獲取客戶呢？很簡單，監視並發現那些提到競爭對手和行業術語的消息，然後抓準時機加入到這些對話討論中。

不要一開始就顯露出銷售的意圖，這樣可能會使潛在用戶產生反感。首先要態度真誠地給予幫助，就像B公司所做的那樣，在醫生還沒有明顯表現出購買其公司服務的興趣之前，僅僅提供幫助。最終你會發現一些意想不到的機會來利用這種投資，進而從中獲利，在這過程中唯一需要做的僅僅是傾聽。

其他商業用途

1.建立個人品牌，樹立意見領袖地位

舉個例子，社群媒體的愛好者會與他們的跟隨者分享一些有價值的想法和文章，從而成為社群媒體中知名的內容提供者。你所發布的資訊與你所從事的行業愈相關，主題愈統一，那麼你就愈有可能獲得更多的支持從而成為行業領袖。

李先生是一位小型企業專家，他說：「如果不使用微博，那麼你就錯過了如今在網路上最強大的資訊傳播管道。在我初次登錄微博網站時，我並不明白它是怎麼回事。令我不解的是，為什麼精明的商業人士會在這上面浪費時間發布短消息，告訴別人他們的飛機晚點了或者是他們正在看什麼書。然而不久之後，我就意識到在微博上人們可以積極地進行對話，這也包括我和小型企業家的對話。這個網站充滿了能量，如果你想成為意見領袖，那麼從現在起就必須加入微博，幫助創造激發這種能量。否則，你可能會錯過建立社會關係、擴展社交網路的機會，從而也失去了擴大自我影響力的可能。」

2.即時獲取回饋

一旦你擁有了忠誠並且活躍的跟隨者，最大好處就是你的問題能夠得到快速回答。簡單來說，人們會立即分享他們對重要事件的想法，或者他們可以對緊急的問題給出至關重要的答覆。這個顏色方案怎麼樣？你對我們的新項目有何看法……這些資訊可以讓你深入瞭解自己的公司，也可以給你提供準確的資訊及啟示來判斷日後公司內部和外部專案的可行性。

3.與志同道合的人建立關係網絡

之前討論的如何透過微博的搜索工具來尋找關注者，也是與志趣相投的人建立關係網絡的方法。搜索你感興趣的關鍵字（比如，消費者事務、搜索引擎優化、小型企業、資訊技術、Linux系統或者以上詞條的任意組合），尋找那些讓你覺得有趣的資訊並且跟隨這些資訊的發布者。

當然，你不一定非得主動搜索別人，別人也可能會搜索到你。要確保你在微博上發布的觀點生動有趣、切合主題，這樣其他用戶才能確切地知道自己在跟隨什麼樣的人。

4. 求職、組織活動和其他

一旦你在微博上成功地建立起個人品牌和關係網，你就可能會因此獲得新的工作機會。你也可以透過微博組織活動和聚會，微博還有其他用途，比如建立個人品牌，獲取直接回覆以及建立個人關係網。微博還有一系列的配套工具，幫助用戶實現上述目標。

微博行銷中的「圈地運動」

李開復說：企業開設微博是在「圈地」。而地能圈多大，要看企業是否善用整合行銷策略——企業要在有效把握目標受眾心理的基礎上，綜合運用各種傳播媒介和傳播手段來宣傳推廣微博，形成一種立體化的宣傳網，成倍地擴展微博的影響力。

為了有效開展微博行銷，我們需要先認識微博行銷的特點：

一、重服務輕促銷

企業在進行微博行銷時，應該把微博看作是社交平臺，而不是促銷平臺。微博資訊要有知識性、趣味性、實用性和情感性，這樣你的微博才能對粉絲產生較強的吸引力。而過於注重促銷作用，充斥著「最新推薦」、「暢銷新品」之類商業語言的微博，因為資訊生硬乏味，只會使信用度大跌，讓粉絲們敬而遠之。

戴爾公司對於微博行銷的經驗是「賺錢只是微博的副產品」，它宣稱微博的根本目標是追隨客戶到他們所在的任何地方，與客戶保持直接的溝通。因此，微博不會是企業傳播單向的傳聲筒。戴爾會密切關注用戶的一言一行，聆聽、轉發、分享、學習，回答大家的各種問題。

二、重情感輕灌輸

與傳統網誌、新聞網站等網路傳播平臺相比，企業微博更具有情感色彩。企業微博的粉絲大多是顧客或潛在顧客，他們對於企業的產品、服務和品牌文化已經有相當的瞭解和認同，微博吸引他們的地方是關於企業文化和價值觀的共同話題，以及情感的體驗和娛樂互動。因此，企業要網羅到更多的粉絲，必須加強微博的情感色彩，讓粉絲們感受到更多的人情味，改變生硬的資訊為情感體驗，樹立起良好的品牌形象。有時一句關心的話就能夠引起強烈的互動。

如果微博的內容只限於企業自身範圍，話題不多，比較難吸引粉絲的關注，那麼增加一些美女、名人、新聞等八卦話題，就能夠有效地提高微博的關注度。比如，凡客誠品，它從粉絲的心理出發來建設微博，不打官腔，以輕鬆的文風逐漸形成良好的交流氛圍，有效地拉近了品牌與粉絲之間的心理距離。

三、重定位輕濫發

每個人、每個機構都可以建立起自己的微博，使得微博數量與日俱增。企業應當意識到，不計其數的微博正在相互爭奪用戶的注意力。如果企業無法吸引用戶，企業微博就失去了存在的意義。導致這種局面最糟糕方式是在微博中濫發資訊，使得粉絲們無法容忍而放棄對企業微博的關注，並很快遺忘。微博的標籤功能可以讓用戶們輕易找到志同道合的圈子。歐萊雅的標籤是化妝品和公益，這使得有共同愛好的人群迅速找到企業微博。

四、重互動輕單向

網路時代公眾已經無法滿足於單向接收資訊，而希望即時參與資訊的選擇，企業微博會對這種選擇作出反應。互動能夠有效地激發訪問者的興趣、提高關注度以及回訪率。

企業微博要吸引用戶關注就必須給用戶一個樂於談論企業和品牌的理由，比如企業可以發起各種話題來吸引公眾參與討論，也可以舉辦豐富的線上活動，如有獎猜謎、線上投票、線上直播、捐贈等來達到與粉絲的互動。

企業還應當關注網路上對於本企業產品、服務和品牌的討論。蒙牛官網關注了三百多個微博，愛國者關注了近一千六百個微博，這有助於企業及時瞭解市場動態。此外，對於曾經關注過企業微博的粉絲，企業應把他們收藏在微博群組中，分門別類，經常看看他們寫的內容，多多與他們線上溝通，以實現真正的交流互動。

其次，為了善用微博來增強品牌影響力，企業必須思考如下的微博行銷策略：

一、全員參與策略

微博是企業在公眾面前展示形象、溝通交流的陣地。要想吸引愈來愈多的粉絲，僅靠一兩個管理員是遠遠不夠的，企業需要普通員工在微博上扮演「形象大使」的角色，與眾多粉絲們做平等的交流，提供更多有趣的、更具個人觀點的圖文資訊。

二、推式策略

企業開設微博後，需要主動尋找目標受眾，把微博推廣出去。

首先，企業要爭取轉發。

微博文字精煉有特色，就容易被粉絲們大量轉發，從而擴大微博影響面。舉辦活動是爭取網友轉發的較好方式。

如優米網在上線第一百天透過一則微博發起「猜影片，贏iPhone」的活動，只要網友轉發這條微博並寫下一個自己喜歡的優米網影片的標題，就有機會獲得優米網送出的iPhone。這個活動贏得了數萬次的轉發、數萬次的評論，優米網相關影片點閱率大幅上升，主流媒體因此對

優米網進行了多次報導。

其次，企業要用好關鍵字。

企業微博應有專業內容，便於受眾透過關鍵字找到其微博。同時，企業也可透過搜索關鍵字去尋找受眾，比如輝瑞大藥廠在推特上搜索「鬱悶」、「抑鬱」等關鍵字找潛在的憂鬱症患者，並主動向他們提供相關資訊，以吸引並擴大自己的粉絲群體。

企業甚至還可以關注那些與競爭對手或行業術語相關的話題和資訊，積極加入討論，為那些需求沒有得到完全滿足的潛在用戶提供真誠的幫助，將其逐漸發展為自己的粉絲或客戶。

最後，借助於擁有眾多粉絲的其他微博主宣傳企業微博。

知名企業家蔡文勝曾發一則微博，宣稱凡是擁有過萬名微博粉絲的個人站長，只要轉發他送iPad的這條微博，就可以獲得一部價值臺幣二萬元左右的iPad。最終有十六位站長獲得iPad。而這件事所影響到的微博粉絲超過十萬人。

三、拉式策略

在主動尋找受眾的同時，企業微博還可以採取拉式策略，激發受眾的興趣和需求，引導受眾關注微博。送禮活動是企業微博贏得受眾關注的有效方式。鐘錶企業依波集團的「依波金殿」在微博舉辦為期半個月的「天天搶樓日日豪禮」活動，只要在依波金殿的「搶樓貼」後特定樓層回帖，就有機會贏得一款價值約臺幣六千元的時尚腕表。該活動人氣火爆，被網友稱為「都快趕上春運搶票了！」

四、代言行銷策略

代言行銷是企業微博宣傳的重要途徑，對於提高微博人氣、吸引粉絲有很大的幫助。利用社會名人代言是很多企業的選擇，如韓寒代言凡客，招徠了大量粉絲。

企業家代言也是常用方式。不少企業家本身具有很高的知名度，可以為企業微博吸引來眾多粉絲。比如電子產品業愛國者公司的馮軍就創造過單條微博評論最多的記錄。而盛大文學有限公司的侯小強經常親自出馬發布微博資訊，解答關於企業和產品的各種問題，被網友笑稱為「執行長級客服」。

讓員工代言已成為企業的新選擇。巨人網路選擇了美女員工擔任官方微博代言人，在一定週期內官方微博頭像改用該美女員工的頭像，展示員工風采，讓外界接觸到一個不一樣的巨人。

五、互動行銷策略

企業微博並非是企業唱獨角戲，採取互動行銷策略可以滿足粉絲們的創造精神和分享意願，從而調動粉絲們對於企業微博的熱情。熱議話題可以引發互動，並因此追溯到企業品牌。寶馬mini的廣告詞「月供女友一千元，月供mini零元」在新浪微博上被博友指責為「不尊重中國女性」而引來眾多微博用戶的關注和討論，該微博吸引了一千四百多次轉發和七百多條評論。

有獎活動可以促進互動。持續更新也可以維持互動。歐萊雅的經驗是微博貴在堅持，它們從每天上午九點到晚上十二點不間斷地觀察微博的動態。愈是晚上微博較活躍的時候，愈要打起精神關注微博動態。而當微博參與人數較少時，你就要適當增加發帖量，以保證微博基本的流量。

於此同時，也要認識到微博行銷的缺點：

一、需要有足夠的粉絲才能達到傳播的效果。人氣是微博行銷的基礎，應該說在沒有任何知名度和人氣的情況下去透過微博行銷，很難，所以如何有效的增加粉絲數量是微博行銷的第一步。

二、由於微博裏新內容產生的速度太快，所以如果發布的資訊粉絲沒有及時關注到，就很可能被埋沒在海量的資訊中。

三、傳播力有限。由於一則微博文章只有一百四十個字，所以其資訊僅限於在該資訊所在平臺傳播，很難像網誌文章那樣，被大量轉載。同時由於微博缺乏足夠的趣味性和娛樂性，所以資訊也很難像開心網中的轉貼那樣，被大量轉貼（除非是極具影響力名人或機構）。

二〇一一年——奢侈品跨入微博行銷時代

隨著數位時代的來臨，網路的普及讓奢侈品也加入微博行銷的隊伍。如今雖然還沒有很成功的行銷模式出現，但是奢侈品在網路中的現實意義趨顯重要，並正在與技術同步發展著，所以未來前景值得期待。

長久以來，奢侈這個字眼在人們的腦中是那些貴族豪門極盡奢華和揮霍生活的代名詞。

國際上曾給奢侈品下定義稱其是一種非生活必需品，是超出人們生存和發展需要的，具有獨特、稀少、珍奇等特點的消費品。

隨著中國經濟的發展，中國的富人數量不斷增多，該群體對奢侈品的購買能力也在不斷增強。二〇〇九年中國奢侈品消費總額達到九十四億美元，占全球市場份額的27.5％。據高盛集團預測，未來五年內，願意消費奢侈品的中國人口將從四千萬上升到一億六千萬，如此可觀的資料，讓各商家看到了巨大的商機。

許多商家除了在傳統的實體及電視媒體做行銷活動之外，還把網路當成重要的行銷管道。根據中國網路資訊中心（CNNIC）二〇一〇年的報告顯示，截至二〇一〇年六月，手機網友用戶達二億七千七百萬，較二〇〇九年年底增加了四千三百三十四萬人，手機網友的快速發展，為微博提供快速發展的平臺。二〇一〇年，中國微網誌用戶規模約六千三百一十一萬人。

由此可以看出，奢侈品在微博平臺上可以推廣的潛在市場，微博市場一旦打開，將對奢侈品價值探勘有更深刻的意義。有學者預測二〇

一一年是奢侈品跨入微博行銷時代的一年。

隨著中國經濟的發展和網際網路的普及，奢侈品已不單單局限於傳統的市場，繼SNS和網誌之後，微博已經成為網路廣告的又一新興戰場。由此許多商家瞄準微博這個管道展開大肆行銷，奢侈品微博時代已經來臨。

中國奢侈品微博行銷現狀

伴隨著微博的逐步普及，二〇一〇年開始，奢侈品牌商家也加入微博的隊伍，用簡短的一百四十個字分享資訊，發布時尚資訊，奢侈品高層時尚人士之間會透過微博等社交網站進行溝通、交流奢侈品的一些資訊。網路微博平臺對於奢侈品品牌傳播的作用日趨明顯，微博正在以驚人的速度傳播著奢侈品的品牌價值。在這個資訊爆炸的時代，奢侈品牌正在不斷嘗試著從海量的資訊中突圍，用有趣的視角吸引著大眾。

奢侈品微博行銷的優勢

綜觀傳統媒體，它們習慣使用大量的資訊轟炸消費者，本以為此行動可以拉攏引誘消費者，事實證明這讓很多消費者感到厭倦與無趣，這種硬性的資訊灌輸很可能會讓消費者產生抵抗情緒。我們一般在時尚雜誌中可以看到奢侈品的宣傳，虛幻的圖片和冷硬的文字讓人們感到無限的距離感。目前，微博已成為繼SNS網站之後的網路廣告戰場主場。相較於傳統的廣告模式，微博內容的管理維護相對簡單，具有發布門檻低、即時性強、交互便捷、個性色彩濃厚等優勢。

奢侈品商家利用微博讓消費者瞭解最新資訊的同時，也讓他們自己決定去關注哪些品牌、品牌的哪些方面，並透過高速的資訊共享，發表個人看法和提出相關建議，這種互動拉近了消費者和商家的距離，同時增進了品牌的親切感。奢侈品在微博中的行動讓人們體會到了生活的趣味，情感的傳播，以及病毒式的宣傳。不斷增長的粉絲和他們的建議可

以給奢侈品的設計者更多的靈感。而這其中時間的優勢不容忽視，對於紙質的宣傳，微博更是一種綠色作為。

奢侈品微博的行銷建議

從奢侈品微博的行銷現狀和優勢分析中，根據其優勢及一些發展中可能出現的問題，在此提出一些建議：

一、企業應加強資訊傳播可控性管理

微博資訊傳播速度加快，給企業的品牌管理帶來了新的問題。隨著微博資訊傳播可控性管理難度加大，一度失控的資訊傳播局面有可能為企業帶來難以負載的影響。企業要真正發揮微博平臺的行銷價值，降低負面資訊流、網路新聞對品牌和企業帶來的反向衝擊，就必須認真為消費者解釋負面消息的原因，加強資訊傳播的控制管理，把不利於品牌發展的負面評論的影響降到最低。

二、企業要注重利用微博平臺創建品牌人格

所謂的品牌人格就是將品牌的性格塑造得跟人一樣，形成一種對社會公德、消費導向等有正面影響的「正義」性格。人格化的品牌，會形成良好的企業形象、品牌魅力，從而帶來更多正面的品牌效應。在一次奢侈品品牌微博行銷對中國市場影響意義的採訪中，嚴駿（奢侈品專家）這樣說道：「對奢侈品品牌而言……更重要的是創建大型粉絲部落並在該網路群體中突出自身與眾不同的卓越品牌人格。」品牌人格猶如企業人格的外化表現，微博讓粉絲部落在加速建設品牌人格方面發揮推動作用。

三、企業要利用微博建立粉絲群體自發推薦的現實意義

微博的互動魅力在商業及專業人士之間都有共識，大部分企業建立微博之初都是希望利用網路收集關注者的建議和看法。互動在微博的光環下成為企業宣傳主要利劍，在探索微博對奢侈品的現實意義中，企業要致力於使消費者對品牌產生正面評價，把品牌口碑推薦的影響力作為

行銷的重心。在世界奢侈品研究協會的一項調查顯示，42％的富裕消費者認為「來自於可靠資訊來源的排名和評價」是影響其購買決策的最重要因素，可見消費者的自發推薦在奢侈品微博行銷中的意義。

四、企業開發更多更好且符合自身發展的行銷模式

微博的優勢讓企業紛紛尋覓最適合自身發展的品牌傳播方法。找到一種最符合自身發展且與網路傳播特點結合緊密的行銷模式相當重要。微博除了在品牌宣傳上做了基礎工作，還應該帶動一系列的增值服務，比如，品牌及零售商的微博行銷不僅帶動零售業績，還透過微博業者提供企業定制服務或與第三方開發者合作。微博有成為奢侈品品牌零售管道的潛力。

微博掘金者——我們不是水軍，是海軍

到底是趕緊學會寫中文，還是立刻重新找人維護微博？對周理音來說，這是個必須嚴肅考慮的問題。周理音和她的美國丈夫Bill開的蛋糕店，在新浪微博上的名字是「ccsweets」，這家位於北京商務中心CBD區附近某社區的蛋糕店，有一半的生意來自微博。

但是問題來了，在此之前，因為周理音的中文不流利，所以請了一個朋友來管理微博。前幾天朋友被某廣告公司挖走，專門從事微博行銷工作去了。Bill並不缺錢，作為Market Watch的創始人之一，他的公司後來被道·瓊斯以五億二千萬美元收購，但現在這個問題已非金錢可以解決。他對《南都週刊》說：「很多微博行銷公司，喜歡搞些假的粉絲，它們不會產生真的生意，而我們自己又實在沒有經營微博的精力。」

這也是新浪微博正面臨的問題之一。三月二十八日，新浪執行長曹國偉在二〇一一年深圳IT領袖峰會上說，SOLOMO（社交加本地化加移動）代表著未來的網路趨勢，未來新浪微博的交互性、黏性會更強。

曹國偉表示，搜索、電子商務與社會化網路平臺如何達到更好的結合，如何在規模化平臺上建立用戶關係，向各個應用、各類市場需求延伸，是新浪正在考慮的重點。曹國偉坦承：「這將是一個漫長的過程。」

而快書包網上書店董事長徐智明有點等不及這個「漫長的過程」了。他面臨的麻煩，比周理音更複雜。按快書包的規定，早上九點到下午五點間接到的訂單，必須一小時內送到客戶手上，官方網站的訂單已經流程化，不需要過多操心，但來自微博私信的訂單，讓這個成長中的小型網站僅靠自己的力量無法輕鬆搞定。

「微博私信接訂單」是快書包去年底開始的一項新業務，目前共有三個微博帳號可以接收微博訂單，最多的一個帳號有一萬六千個粉絲。微博的管理對快書包至關重要：儘管微博粉絲只帶來了5％的訂單，但卻帶來了43％的流量。

「我們也想請專門的行銷公司來管理官方帳號，但我們還是個小公司，沒有額外的預算來支付這筆開銷。」徐智明希望新浪可以提供企業一個微博下訂單、支付和物流的解決方案。

「快書包是個特例。它目前是一個面向小眾的、強調物流的電子商務平臺，即便新浪不推出一個整體的解決方案，它依靠手工輸入私信下訂單，也能獲得比較高的成長率。」于藍（化名）說。他任職的凡客誠品是最早入駐新浪微博的商家之一，其所註冊的半官方ID「Vancl粉絲團」擁有十萬粉絲，是新浪力推的微博電子商務示範者之一。

從去年開始，凡客誠品的新媒體推廣部已經從零增長到現在的十個人，大衛·柯克派翠克的《Facebook效應》，在這十人中人手一本。他們大部分的精力，都花在微博的研究上。據凡客內部統計，在微博轉發的促銷聯結轉化率，是入口網站橫幅（banner）廣告的二倍左右。為此凡客正在考慮，設法把這些點閱直接在微博上解決，並直接轉化為訂單。

但究竟要怎麼做，還是個問題。儘管新浪已經推出支付工具，也單

獨成立針對微博行銷的子公司「微夢創科」，但仍無跡象顯示，電子商務公司會很快從新浪那裏得到一個整體的微博解決方案。「推特上有一些公司已經在做嘗試，但效果很難預料。我們也無法確定究竟該怎麼做。接下來可能會做些嘗試，如果每天可以達到幾千筆訂單的水準，就很滿足了。」于藍說。

對於並非純電子商務企業的惠普來說，這個問題並非「試一試」那麼簡單。惠普公共關係及社區經理凌鳳琪透露，惠普在社交媒體上的預算，正以每年50％的速度增長。而在中國，去年惠普在新浪微博上的投入約一千四百萬臺幣，主要用於品牌廣告和品牌活動。

「中國好的廣告平臺其實並不多，我們也存在「自我改革」的問題。我們不想做實驗品。」惠普的官方微博和活動如今由第三方公司管理維護，按照凌鳳琪的說法，接下來惠普會在社交網路投入更多，嘗試自己做「面對客戶的服務平臺」。

官方帳號們仍在猶豫的同時，「水軍」已成為微博上不可忽視的存在。

「@某某，我要把聯想樂PAD送給你，因為用它看什麼格式的影片都可以。」這當然不是真的送，只是微博上的一句話和一張圖片。按下「轉發」，把@後的名字改成某人的微博ID，再按下「發送」，只需一秒鐘時間，四十五歲的王靖韜就在新浪微博上賺到了六塊錢。

按照出資人聯想的要求，只需每天把這條微博轉發給兩人，連續轉發十天，在微博上擁有九百八十六個粉絲的王靖韜就可以賺到人民幣一百二十元。

從去年九月加入新浪微博開始，王靖韜就一直在嘗試用這種方式賺錢，到目前為止，包括儲值卡、電影票和現金在內，他已賺到了約二千元人民幣。但他絕不是在新浪微博上獲益最多的人。微博上流傳的一份報價單顯示，類似「歐美潮流趨勢」這樣擁有三萬粉絲的微博ID，轉發一條促銷資訊的報價是八十元人民幣，而擁有八十萬粉絲的「星座寶

典」，轉發報價是四百七十元人民幣。更多的微博暴富傳聞，在私底下流傳，如坊間傳聞某六十萬粉絲的大號，轉發一個淘寶聯結可以抽成四萬元人民幣。

「按理說應該拿不到那麼多，除非是有指標性質的協議包銷，」三十九歲的黃慶林（化名）認為這個傳聞言過其實，「但一年收入百萬也並不誇張。」黃慶林在新浪微博上擁有六十萬粉絲的ID，主要轉發搞笑短文，去年底就開始不斷有人找上門來投廣告，不到半年黃慶林已收入人民幣數十萬元。

王靖韜的目標是自己可以做到像黃慶林一樣好。在一個名為「豬八戒」的行銷平臺上，像王靖韜這樣轉發送產品微博的人，超過四千人，而且仍在不斷增加中。該平臺上的一個「一年指數」顯示，該平臺全年交易額將近七億六千萬臺幣，交易數量十六萬八千三百一十三個，「人才」新增二百零三萬零一百九十八個，他們中的大多數，都活躍在新浪微博上。在「微行銷」、「微轉發」等平臺上，更多像王靖韜一樣雄心勃勃的草根致富者，正以等比級數的速度增加。

「微博就像一個王國，我們是商人，在裏面做生意賺錢。新浪是國王，收我們的稅。大家是互惠的，它（新浪）也是要賺錢的。我們不是水軍，是海軍。」說這話的是四十五歲的杜子建，華藝百創傳媒公司總裁。他一手插腰，一手揮舞著大聲說：「現在，什麼病毒行銷、資料庫行銷，通通不存在了。當我們掌握了微博上的每一個傳播點時，就可以任意加速一個資訊的傳播，也可以隨時截流它、中止它。」

杜子建的華藝公司，是新浪微博壯大後的最大獲益者之一。這個擁有一百八十名員工的公司，透過控制和培養「大號」，並借助大量粉絲海量轉發幫助企業進行微博推廣，這種模式在業內也被稱為「水軍」。知情人士稱，已獲得多家機構投資的華藝，去年營收只有千萬級，但今年初到目前為止營收已經達到臺幣一億三千五百萬元以上，據說年內要衝到四億五千萬。

另一個經常被拿來與杜子建相提並論的人是蔡文勝。創新傳播機構創始人申音估計，透過長期的培養與併購，這個四十一歲的獨立天使投資人，是中國網際網路的傳奇人物，手上擁有包括「冷笑話精選」等三十多個粉絲超過數萬的大號，其中，僅「冷笑話」就擁有近三百萬粉絲。

　　顯然，這是一個不可忽視的巨大存在。

　　在艾頌看來，「水軍」無疑是所有解決方案中，最糟糕的一個。

　　二十九歲的艾頌在二〇〇八年創辦中海互動這家網路口碑行銷公司，在摸索打滾一年之後，艾頌在網誌上寫下這樣一段話：網路口碑行銷在中國已經變成「偽裝成消費者，混在他們中間，幫著品牌說話，靠大量散落在網路中的言論碎片，發揮『煽動』、『引導』、『告知』等作用」的行為。

　　失望的她對朋友說這個行業不改變就會死掉。朋友問，怎麼改變？艾頌說，有方向，但沒方法。

　　可是「方法」很快就有了。二〇〇九年九月，新浪微博剛剛開始測試一個月，艾頌就注意到這個新生媒體，直覺告訴她，這可能是擺脫「水軍」的唯一辦法：原來的廣告形式是透過媒介傳播給受眾，現在品牌自身就是媒介，這將顛覆整個行業。

　　「我們來試試看吧！」她開始極力向每一個客戶推薦微博行銷，二〇〇九年年底，好利來的「黑天鵝蛋糕」成為艾頌客戶中第一個「吃螃蟹」（開拓創新先驅）的品牌。艾頌很快發現，官方微博的管理維護，並非發布資訊、接收回饋這麼簡單。她只好在內部編了一本《社群手冊》，把問題集中分類，把突發性問題、常規諮詢、物流配送等分門別類地發到每個人手上；在此之後，因為發文的需要，艾頌又製作一份關鍵字「雷達圖」，用來幫助企業管理微博的人員清晰、準確地發布觀點、回覆評論以及解答用戶問題。隨著規章、投入的人力愈來愈多，艾頌終於明白，微博行銷實際上是「你定義它是行銷行為就是行銷行為，

你定義它是公關行為就是公關行為」，它是「官方的媒體社群代理服務」。

中海互動目前已經有近百名員工，運營著十家企業的微博官方帳號，公司的發展策略也正在大幅傾向微博行銷，但艾頌覺得，似曾相識的一幕，正在重演。「微博上的水軍愈來愈多，行業自律不夠。水軍正在稀釋口碑行銷的效果，又一次重演BBS年代人人喊打的局面。如果這點不改變，也許我還會離開。」

與艾頌不同，創新傳播機構創始人申音對微博行銷的未來充滿樂觀，「企業的有形資產可統計，無形資產無法統計，微博的價值就在於，它可以幫你把社群的無形資產變現。它一定是未來的超級媒體。」

身為資深網路觀察人士，申音從去年九月起就在觀察微博的發展，但他的公司直到去年底的新浪微博開發者大會後才創辦，「那時新浪的路線已經清晰了，就是要做開放平臺，而開放平臺不可能不需要合作夥伴」。

這家經營著五家企業官方微博的公司，目前為止也只有十個員工和一個編外的技術研發小組。但申音希望它可以在幾年內成長為中國的Vitrue和Buddy Media——它們是Facebook上成功的行銷管理平臺，Vitrue管理運作二千五百家公司的Facebook和推特帳號，而世界前十名的品牌中有八家都在使用Buddy Media管理官方帳號的後臺。

申音堅信，未來新浪後臺的資料分析工具，以及微博支付和搜索做好之後，會出現更多的模式，這使微博成為一個真正的開放平臺。到時候，海量資料的分析和行銷，只有透過技術來解決。微博的再發展，會讓技術成為最大的門檻，而不是資源。同時，未來大號的價值會慢慢降低。「現在有些大號，連本科都沒畢業，他們推送的內容，更像期刊《讀者》、《知音》、《故事會》。慢慢大家會知道，有品質的號跟大號是有區別的。所以我不會做像「冷笑話」這樣的大號，可能會做一些比較像專業媒體的小號。」

　　「歐美現在已經有這種趨勢，就是Facebook上的官網流量在上升，企業官方網站的流量在下降。」申音覺得，企業的官網未來將隨著社交媒體的發展而消亡，但他不認為「水軍」可以承擔起營運社交媒體上的「官網」重任，他甚至不認為「技術派」和「水軍」終將有一戰。「杜子建真的在靠水軍賺錢嗎？他只不過是在賺網路行銷方案和培訓的錢。」

挑戰和機遇並存，愈早開通微博，愈有機會在微網誌領域獲得成功！一定要抓住轉瞬即逝的機會，在激烈的就業競爭裏突出重圍！

第二章

企業微博的蝴蝶效應

二〇一一微博行銷大會上，來自全國微博界的知名「達人」、企業，輪番上場，分享各自的微博行銷戰略及實戰經驗。微博達人們總是善於用最簡短的語言，傳遞最犀利的資訊。

薛蠻子：「現在有一個現象，個人品牌超過企業品牌，就像馬雲要比阿里巴巴還有名。」

李亦非：「從我做起，成為微博達人，發展身邊十到二十個人。成為微博人，必須與時俱進。」

杜子建：「玩微博就是做人，懂得做人，微博一定玩得好。」

薛蠻子：「假設我是賣大紅袍（武夷茶的一種）的，我就要讓全中國十三億人一提到大紅袍就想起我，在專門的領域建立權威。」

杜子建：「微博是一個恃弱凌強的社會，你愈強勢，往往愈容易被人踩死。」

……

愈來愈多的企業發現了微博的價值，愈來愈多的名人和企業家在微博布局。從電子產品到服飾、百貨等多個行業都已經在測試「微博行銷」的水溫。

微博行銷是一把雙刃劍

蝴蝶效應，原指一隻南美洲亞馬遜河流域熱帶雨林中的蝴蝶，偶爾振動幾下翅膀，但在兩周後可能引起美國德克薩斯的一場龍捲風。這主要用於形容在一個系統中，初始條件的微小變化能夠引起整個系統的連鎖反應。

在微博行銷中，「蝴蝶效應」用來說明：只有寥寥數語的微博，只要正確引導並加以利用，將會產生龐大的經濟和社會效益；反之，若不加以及時地引導控制，則會給企業和品牌帶來災難。

在網際網路發展如此迅速的時代，微博逐漸滲透到生活的各個領域，從明星到素人，從跨國公司到本土企業，從執行長到普通員工，從大學生到年輕白領……許多人都加入微博的「粉絲」行列。如何發揮微博的用戶數量優勢，利用「蝴蝶效應」使企業品牌增值，同時避免其「負效應」，成為企業在微時代最為關心的問題。

微博行銷的價值？

微博作為中國網際網路的又一個「舶來品」，展現了如同推特在美國一樣火爆的發展速度，僅僅數月時間，中國的微博用戶從無到有。據新浪發布的《中國微博元年白皮書》顯示，年輕、高學歷的職業人群是微博的核心用戶，微博成為網路媒介的「新寵」。微博的用戶群體無疑是中國最有行銷價值的人群之一。在微博的用戶群中，有一批使用率非常高的用戶，他們可以每天發十一條以上的微博資訊，主要集中在職場中高層管理者和月收入在人民幣六千元以上的中高收入人群，他們傾向於向外傳播自己的觀點，往往在網路上具有很強的影響力。微博吸引了大量「七〇後」、「八〇後」目標人群，他們分別占據了微博用戶的29.4％和59.1％，可以說，微博成功抓住了當下中國社會的財富擁有階層（「七〇後」）和未來十年中國社會的中堅力量（「八〇後」）。這

意味著微博這一新興媒介聚集了中國目前和將來最有市場價值的目標群體。有了這個強大的用戶基數基礎，企業借勢開始行銷和宣傳活動就會更加順利。那麼微博到底能夠為企業行銷做些什麼？微博真正的行銷價值又是什麼？微博的價值在於簡練，在於它面對最廣大的消費者，利用不多於一百四十個字的語言，使任何粉絲都可以發表意見，實現資訊的無障礙雙向溝通，這是企業進行微博行銷的基礎所在。一般來說，微博的行銷模式主要有以下幾種：品牌宣傳、置入式廣告、客戶服務及企業或產品的活動行銷等。透過這幾種行銷模式，微博將會產生巨大的行銷價值。

一、宣傳價值

微博的宣傳價值由「強聯結」效應、幾何級數效應及學習效應三者共同作用形成，這也是微博同其他媒介的不同之處。首先，微博是一個具有「強聯結」效應的新興媒介，因此企業可以借助微博用戶的關係網進行迅速傳播。對於「強聯結」效應傳播的資訊，微博用戶信任度較高，也很容易接受，這意味著品牌資訊傳播的效率更高。企業品牌利用「強聯結」效應來宣傳產品或品牌資訊，往往可以產生意想不到的效果。其次，微博傳播具有幾何級數效應，比如你有一百個粉絲，每個粉絲再有一百個粉絲，即使只有百分之十的用戶參與了傳播，經過一層層幾何傳播之後，也會有一萬人接觸到你所傳播的資訊。透過幾何級數傳播，傳播效果得以提升。

其次，消費者對名人的「學習效應」是體現微博價值的主要一環。

據DCCI（網際網路資料中心）調查顯示，約有48.6％的使用者會將名人列為自己的關注項目，可見名人效應對微博用戶的影響是多麼巨大。一般來說，名人對其粉絲有巨大的影響力，名人的觀點、行動會不經意間引發粉絲的模仿和追捧。這時，利用名人對企業產品或品牌進行宣傳，往往會產生不錯的效果，這是在企業宣傳過程中一個屢試不爽的做法。正是在以上三個效應的共同作用下，微博產生無與倫比的宣傳價

值。

二、溝通價值

一直以來，受到種種條件的限制，企業在與消費者的直接溝通方面步履維艱，很多企業花費了大量的時間、金錢去建立消費者的溝通回饋機制無法發揮應有的作用，從而導致企業無法瞭解消費者的需求。在網際網路發展如此迅速的今天，與消費者的順暢溝通成為企業能否滿足消費者需求、實現顧客滿意的關鍵。微博的出現，恰恰給實現企業與消費者的直接溝通帶來了一絲曙光。微博是新興的網路媒介，開放性強，溝通效率高，能夠實現雙方的互動，為消費者和企業搭建了直接交流的平臺。企業可以在微博上建立自己的官網微博，將消費者聚集到其粉絲群體中，為消費者提供發表資訊的管道，及時傾聽消費者聲音，接受消費者建議。另一方面，企業也要主動與消費者進行互動，發布品牌或產品的資訊，主動向消費者傳達品牌理念、產品資訊等。微博是「一對多」（1 to N）的交流平臺，使企業與消費者的溝通更加便利，產生巨大的溝通價值。

三、公關價值

在網際網路如此發達的時代，資訊呈爆炸式增長，網路媒介已成為企業發布資訊的重要管道。但不可否認的是，網際網路上的資訊傳播已超出了企業的掌控，很多企業都遇到了負面資訊的侵擾。虛假資訊混雜在網路上，社會大眾往往無法鑑別，危害性的資訊一旦失控，可能會對企業品牌帶來巨大損害。二〇一〇年八月，網路上出現了聖元奶粉導致嬰兒「性早熟」的資訊，此類資訊在微博上病毒式地傳播，短短幾天負面資訊就變成了洪水猛獸，對聖元的品牌形象造成嚴重損害，雖然事後證明聖元是清白的，但損失已不可挽回。與其他網路媒介相比，微博的傳播速度更快，這為企業的公共關係提供了一個資訊發布的平臺，可以借助企業的官方微博及時向公眾發布最新資訊，及時地控制事態發展。因此，微博具有巨大的公關價值。

　　水可載舟，亦可覆舟。對企業來說，微博行銷是一把雙刃劍，它存在許多不可控的因素，一旦把握不好便會傷到自己，給企業帶來損失。

　　那麼，企業在利用微博進行行銷活動時，如何才能規避風險，發揮其積極作用呢？

互動交流，及時與消費者溝通

　　一般來說，企業要準確瞭解市場需求，掌握消費者心理，就必須與消費者進行直接溝通，這不僅僅是企業成功的不二法門，也是大眾時代對企業行銷的根本要求。微博的出現，為消費者和企業搭建了溝通的平臺。但是要注意的是，企業不能生硬地發布純廣告，以免招致粉絲的反感，而要透過一定的技巧來發布「軟廣告」，以一種開放、平等的姿態去面對廣大的消費者。

　　同時，企業微博要注意主動引導話題走向，將微博主題與企業本身的宣傳聯繫起來，從而優化傳播效果，達到行銷的目的。另外，企業要控制資訊發布頻率，適時地對粉絲關注的話題進行更新，調動粉絲的積極性。當然，微博主題更新的速度也不能過快，一般控制在七至八天為宜，這樣的發布頻率既能夠調動粉絲的積極性，也不至於由於更新過快導致粉絲接收資訊「疲勞」。另一方面，企業還要不定期地發布一些產品打折優惠、秒殺活動等能夠吸引消費者注意的資訊，提高他們參與活動的積極性和主動性。

利用名人效應

　　由於微博每天出現的信息量很大，若企業行銷的資訊沒有太大亮點，肯定會石沉大海，企業粉絲的獲得也有很大難度，這時利用名人效應往往可以取得事半功倍的效果。因為名人微博擁有眾多粉絲，其一言一行都會引起關注者的「騷動」。經過名人示範，企業資訊的傳播可產生倍數放大。當他們發布資訊時，所有粉絲都會看到，更何況後面還有

多層級的幾何式傳播，其效果不可小覷。

當然，企業在選擇名人進行微博推廣時，要注意以下幾點：首先，微博代言人的形象氣質要與企業的品牌形象相符，這樣才能夠達到良好的傳播效果，否則會適得其反。比如你要運動員劉翔去宣傳嬰兒奶粉顯然是不合適的。其次，名人的形象至關重要。有的企業會選擇諸如鳳姐、芙蓉姐姐等網路紅人代言，這樣固然能夠提供企業知名度，但也面臨很大的風險。

全方面監控資訊，要求企業要對負面資訊做出即時、正確的反應。微博具有傳播速度快、受眾面廣等特點，這是微博行銷的一大法寶，但這也意味著出現危機時企業掌控的難度加大。對此，企業應該建立起完善的微博行銷監控和反應機制，及時跟蹤資訊，對於各種資訊在第一時間向公眾做出解釋，並以負責任的態度予以澄清和回應，否則有時會顯得欲蓋彌彰。

在墨西哥灣的石油洩漏事件中，BP購買了Google和Bing的關鍵字，企圖平息網路言論，但它沒有對推特和Facebook上的負面資訊進行監控，也沒有對其採取有效措施，因此短時間內Facebook上抵制BP的用戶群組快速增加，推特上也聚集了十萬多名反對BP的粉絲，由此引發了網際網路上反對BP的浪潮。於此同時，中國SOHO集團的潘石屹卻利用微博成功化解了企業危機。

微博在中國的發展只有一年多的時間，微博行銷更是一個新生事物。隨著行動網路的成熟和不斷發展，微博行銷必將駛入快速發展的軌道，企業開展微博行銷勢在必行。企業若能夠善用微博這個媒介，發揮其正面的「蝴蝶效應」，必將在未來的市場競爭中占據一席之地！

 ## 「吃螃蟹」的企業──好創意＋微博特點＝成功

有幾類族群容易接受微博行銷資訊：

年輕族群；

辦公室白領族群；

喜歡宅在家裏辦公的SOHO族；

以電腦為主要工具的IT族群。

微博行銷有以下特點：

成本低，用一百四十個字發布資訊幾乎不需成本；

形式多，可以利用文字，圖片，影片等多種方式展示品牌和產品；

傳播廣，轉發非常方便，一傳十十傳百，形成口碑傳播。既可以利用其做行銷又可以做客服，還可以做公關。

以上特點導致微博行銷深受企業和消費者的歡迎。

至於如何行銷，目前還沒有成熟的模式，但是已經有了第一批率先吃螃蟹的企業，在微博行銷上試驗他們的創意做法，我們不妨來學習一下。

直播式的微博行銷

利用微博可以直播企業線上以外的各種活動。比如直播公司的旅遊活動、新年聯歡會、大型會議、互動活動等，這種直播活動需要一個策畫小組來完成，而且需要圖文並茂，如果企業能對有創意的獎品作獎勵，效果會更刺激。

飄飄龍是一家做絨毛玩具的公司。二〇〇九年一月底，該公司組織十人的粉絲團到峇里島旅遊，並將這個活動在微博上直播。他們先是在新浪微博上組織了一個策畫團隊，並設計了一百隻圍著圍脖（圍巾）的絕版泰迪熊作為微博上的獎品。旅遊期間，飄飄龍的粉絲們從峇里島上不斷發回各種圖片和簡訊。微博上參與的微博友幾千人，很快該活動的微博轉發超過一萬五千次。在這個活動最後的五天時間裏策畫團隊從峇里島發回圖片帖子一千多條，有幾千個博友參與互動，引發了幾萬條評論和二萬多條轉發。

講故事的微博行銷

微博是有利於企業故事傳播的載體。寫故事並不難，在一個企業工作，要想瞭解這個企業和它所處的行業，就必然知道許多對外人來講是神秘的、新鮮的，結果是一般人預見不到的事情，這樣，企業就有了故事。讓企業行銷成功，最關鍵的是一個企業微博需要多個不同的聲音在微博上講故事。

黑黛公司在新浪的微博誕生後，讓十四個直營中心的七十名員工寫微博故事，內容是客戶對新技術的體驗，並得聯結到博文。有興趣的用戶會透過聯結進入二十四小時諮詢中心，還可以預約到實體直營中心體驗。一般而言，受眾在經過幾次的對話和體驗以後，接受服務的比例會很高。一旦接受了服務，新的故事又會源源不斷出現在微博上，形成行銷上的良性循環。

企業領導人的微博行銷

企業的微博可以表現出企業的文化，首先，它代表著管理階層的文化。人們願意看到的企業微博，是那個企業說的話或者是領導者說的話，以及企業的員工說的話，因為這樣的微博才能夠讓消費者感覺和觸摸到企業的鮮活文化。

型牌男裝是一個定制服裝的網站，它的微博行銷特色是由總經理黃岳南領導，組成一個微博營運小組，利用各種節日話題，宣傳他們的企業文化和經營模式。黃岳南是企業家身體力行微博的典範，他在一年多的時間內在網誌上寫作博文四百多篇，寫作微博二千多條，粉絲超過四萬。他的微博因為幽默、平等、沒有架子而受到粉絲追捧，他還首創了邀請粉絲參觀企業的活動，這讓型牌男裝在粉絲中形成了很好的口碑。

操控人心的微博行銷

「身上只有三塊錢現金的人，餓滴虛弱地躺在被窩裏睡不著啊……

好可憐……晚餐吃的美味大麵條就醬子被消化完了……現在連外賣都叫不起了……怎麼辦？！」

看到這樣的帖子，你一定會有同感，其實這是一個淘寶主管教你「如何用支付寶叫外賣」的企畫案，可是網友們樂意接受。

微博行銷和其他行銷一樣，有一個不變的前提──善於抓住受眾的心理。什麼是受眾的心理？也許沒人能下定論，但是，必須提醒你一百四十個字實在太短，因此在微博上，一切傳統形式的廣告對於網友來說，基本上都是不起作用的。可以毫不誇張地說，那些形式老套，彈出來的廣告、蹦出來的網路資訊只會招來反感和網友的咒罵。

當然，有人會說，我們不是大公司，也不是大企業，就算有好點子，也未必能夠產生影響力。如果是個人創業，或者剛起步的小企業，沒有任何背景，如何邁出成功的第一步呢？

請記住一個原則，在微博時代，並沒有絕對占優勢的企業或個人，每一個人都可以成功，但成功的關鍵是你的創意一定要符合實際。大公司能做的，小公司一樣能夠做，大人物能做的，小人物一樣能做，只是看你怎麼去構思了。

美國有個四十三歲的婦女幫她的姨媽向政府申請了一張免費的輪椅，她所做的就是準備一些必要的文件和填寫一些表格。她因此寫了一篇如何向政府申請免費輪椅的報告。

事情成功之後，她在微博上簡單地發了留言，並宣布販售她所寫的報告，售價為二美元，儘管她沒有做任何宣傳，然而每月數以萬計的人從她的網店裏購買這個報告，每個月她都獲利三萬美元左右。

後來，她將此消息刊登上報後，卻受到了公眾的批評，漸漸沒人來買她的報告了。

雖然這是一個非常古怪的例子，但反過來看這一現象，可瞭解許多情況下，在傳統的市場機制中（直接銷售、透過報紙、雜誌、電視等）無法取得成功的產品，也許能在微博上賺錢。

或許下一個簡單、奇怪案例的創造者就是你。

當然，好的創意，還要加上微博的一些特色。

一、我們不是單向地把企業的內容（如企業新品發布、企業新聞等）告知給自己的粉絲，而是結合群眾選擇一些較為活潑的話題來發布，大到對時事的關注，小到食衣住行、冷笑話等等。

二、讓企業微博每天能更新十條左右，不宜太少，太多又容易被忽略。為了增加個性特色，可以選擇一個好的頭像。

三、不要發布一些無聊的更新。多發一些有趣、有特色的更新，會得到更多的轉載率，並提升企業網誌的被關注度。

四、對於重點推廣的東西，一百四十個字說不清楚的，可以利用一句吊人胃口的話開場，然後附上具體內容的聯結位址。比如淘寶三周年活動時，其微博上只是寫了一句「淘寶三周年抽瘋啦！」後面再附上活動地址。

五、一定要注意互動交流。這點是很多企業所忽視的。例如，新浪微博上的李宇春和周筆暢，擁有十多萬的粉絲關注，而她們卻幾乎不關注任何一個人，這形成了一種完全單向的交流通道，沒有發揮出微博的推廣作用，因此其粉絲數低於善於交流的李開復等人。

品牌建設——企業打誰的旗號最合適？

隨著企業的官方微博、總裁微博、產品微博、客服微博等紛紛上線，進入微博行銷領域的企業頓時有了眼花撩亂的感覺。那麼，企業微博到底有哪幾種類型？它們各自的特點又是什麼？

業務微博

業務微博指企業為了業務往來而專門開通的微博。企業的官方微博、產品微博、售後服務微博、促銷微博、招聘微博等都屬於此類微博。

除了官方微博是各個注重微博行銷的企業都有的以外，其他業務微博的設定要根據企業自己的實際情況而定，一般控制在一至三個是比較合適的，例如居家用品集團科寶博洛尼除了有一個官方微博外，還有一個名為「科寶入住家裝」的微博；長城汽車除了官方微博外，還有兩個子品牌微博。

業務微博是企業為了拉近與消費者之間的距離而專門開設的微博，它猶如企業的前臺，一般由專人負責，注重與消費者的溝通互動。因此，企業微博首先在內容上要有清晰的定位，要發布有價值、有意義的資訊，例如官方微博主要發布企業產品、活動資訊；產品微博主要發布該項產品的介紹、活動資訊；促銷微博主要發布企業的各種促銷資訊……等等。另外，業務微博在發布資訊上一定要講究規律，一般集中在工作時間時發布，資訊數量控制在一天五至十條左右。

管理者微博

管理者微博指企業領導開設的微博，主要是指企業的董事長、總經理或者執行長的微博，例如新東方董事長兼總裁俞敏洪的微博、奇虎三六〇董事長周鴻禕的微博、京東商城執行長劉強東的微博等等。

企業管理者是一個企業的靈魂，他們的微博也是企業在微博行銷中至關重要的一個環節。由於企業管理者是整個企業的領導核心，所以他們在微博上所承擔的角色與業務微博有所不同。企業管理者主要是靠微博來打造個人形象，讓更多消費者看到企業管理者的個人魅力，從而對他們所管理的企業產生信心，進而間接為企業發揮行銷宣傳作用。因此，管理者微博依據個人性格特點的不同，內容上的側重點也有不同，有的睿智，有的幽默，有的樸實，有的前衛。在資訊發布上，管理者微博目前也沒有統一規律可循，只是更新相對來說比較慢，而且經常集中式更新。

員工微博

員工微博是指企業員工自己開設的微博，透過微博名字，你可以很清楚地知道該員工來自哪個企業。在員工微博中最具代表性的恐怕就是東方航空公司了。東航為了拉進與乘客之間的距離，讓乘客近距離的感受企業人性化的一面，召集了符合東航形象和服務品質的空姐開通微博，並在微博上用真實姓名前冠以「凌燕」為統一形象，例如「凌燕孫晴雯」、「凌燕木易景」等等。據稱，凌燕微博團隊已經達到上百人，而且人數還在持續增加。

員工微博是企業與個人的混合體，相較於前兩種類型的微博來說，無論是在內容，還是資訊發布上，都沒有統一性，完全視個人習慣而定。員工微博整體而言對企業的行銷是有幫助的，但是作用並沒有前兩種微博那樣直接，它是在潛移默化中影響著粉絲。

每個企業都有它自己的品牌，很多人認為，品牌帳號比個人帳號更能傳達企業資訊。首先，品牌是權威的，用品牌帳號留言的人代表的是整個公司；其次，公司帳號的留言和個人帳號有一個明顯的界限，就是公司帳號不會漫無邊際地閒聊；最後，個人總會有離開企業的一天，而品牌帳號不會因為使用帳號的人改變而發生絲毫改變。

但是，大多數成功的商業故事都是從簡單的生活化交流開始的，冷冰冰的品牌帳號是人與人溝通的天然屏障。如果你打電話與客服交流，她告訴你的名字是一個真人的名字，然後再提供服務內容，你是不是能感到更親切，並更樂於和這家公司打交道？

所以，普遍的觀點是，知名品牌的帳號名稱也應該是真人的名字。這些人在必要的時候將從網路背後走入現實。

這就是微博行銷中的「品牌擬人化」，即個人品牌。

公司和人能夠等同嗎？這個問題歷來是企業家們熱衷探討的話題。很多人覺得，企業必須用商標參與微博對話，否則，要商標何用？

在面對人氣旺盛的企業微博時，粉絲的數量已經說明了上述問題。

這些企業的品牌無一例外，都是以個人的形象代替企業原有的商標，擁有相當多的支持者，每天的來訪者絡繹不絕。

舉個例子，你覺得聯想用「@lenovo」的標識會比用一個人的名字作為微博形象更權威、更可信。但如果，這個帳號換成「@柳傳志」呢？你是不是想去看看，即使你不買任何產品，也曾動過關注的念頭？

一個顯而易見的事實是，更多的人願意和真實的人，而不是與那些小標識交流溝通。當然，這個帳號的名字本身也應該具備影響力。如果聯想的帳號不用「@柳傳志」而換成另外的無名小卒，恐怕不會引起人們的關注。

是的，品牌不完全等同於人，但人可以在微博上代表品牌，因為人能用更加真實的面孔來渲染品牌的親和力。微博給冰冷的品牌添加了溫和的人性色彩。

試想，一家生產女性用品的公司是這種文化的代表。這家企業用於市場行銷的形象是一張迷人的女子面孔。這個形象有著同樣令人產生「溫和、善良」聯想的名字。這是一個抽象的品牌依附於真人的故事。

當然，這一切都是預先設計好的擬人化方案。在真實世界裏，你可能找不到這個人，但客戶就是喜歡這個形象，並且信以為真。在某種意義上，這個擬人化的頭像成了品牌的永久代言人。

在微博時代，個人品牌很可能會超越企業品牌，成為大眾矚目的焦點。因為：

一、企業的官方微博帳號往往是由企業公關部分維護的，而個人微博帳號更具有個人特點。

二、企業微博通常對言論發布十分謹慎，往往只有單一的聲音，而個人微博發布言論時，相對隨性一些，具有多元化的特點。

三、企業微博往往以宣傳公司品牌、產品、服務為目標，而個人微博則多以表現自己思想，增加影響力為目標。

因此，個人微博相對於企業微博，受粉絲信任的程度通常更高一

些。

企業領導者的個人帳號，要既具有個人特色，又有較高的可信度。一個公司的微博往往是公關部門經營的，相對謹慎、單一化，而且以推銷公司品牌和產品為己任。相比之下，網友更願意追捧企業領導者的個人微博。所以，在微博時代，許多企業的領導者會選擇先經營個人品牌，再透過個人品牌提升企業品牌的做法。

一百個員工，就是一百個公司推客

千人一面的公式化通常不是好現象。即便企業的行銷理念相同，但在行銷方式上卻可能存在差異。那麼，不同的員工用不同的微博，來詮釋同一個理念，肯定是一件令人欣喜的事！

IBM是世界最大的電腦公司，或許除了微軟公司外，它是全世界在推特留言最多的公司。到二〇〇九年二月，推特上已經出現了一千多位IBM公司的推客，而且這一數字依然在穩定成長。

這並不是一家透過零售管道銷售產品的公司。然而，IBM的員工每天在推特上參與的對話卻高達數千起。

他們正在與誰交流？誰允許員工利用上班時間在推特上聊天？這家公司如何確保這些員工中的某一位不會說出讓公司難堪的事情？誰管理著這支推客團隊，並為其設置規則？

在IBM總部，並沒有人斷言員工應該參與推特。沒有人控制員工使用推特的目的、時間和方式。這家公司現在依然沒有直接適用於推特的官方政策。員工可以同任何人談論任何事情，任何人都可以關注他們正在進行的談話。

IBM的員工使用推特主要是為了相互交流。這些員工同他們的合作夥伴、客戶、零售商、媒體、分析師，以及公司生態系統的其他成員交談。他們在推特上基本上都是在談論與工作相關的事情。

　　IBM對於結果十分滿意。推特節省了時間，把員工和客戶更緊密地聯繫在一起，使公司整體上變得更加高效。

　　在運用影片、聲音以及文字等社交媒體工具方面，IBM一直扮演著革新者的角色。透過這些工具，IBM讓這支龐大而且經常流動的員工隊伍盡可能地融為一體，並保持盡可能高的工作效率。在經濟不景氣的時期，當出差費用變成了一項需再三考慮的支出時，線上交流愈發彰顯出它的價值。

　　在位於紐約州阿蒙克的IBM總部，負責社交媒體溝通事務的高級經理亞當・克里斯騰森說，推特是悄無聲息地在公司內部流行開的，「並沒有由上至下的授權。一位員工某一天開始使用它，另一個人受其影響，也開始使用，就是這樣。」現在，推特正在被這家公司分散在世界各地、處於不同部門、各種不同性質、級別職位的員工所使用。

　　當推特開始流行之後，IBM並無必要召開規劃會議。員工們已經知道，這符合IBM一貫的做法：把責任從總部轉移至公司與客戶及其他成員互動交流的前沿，這樣，IBM就會變得更加機敏靈活。

　　IBM的想法是，公開談論工作的普通員工可以「比幾位坐在總部中的傢伙」更好地代表公司。克里斯騰森說，IBM避開了在社交媒體上發揮名人效應這種被一些公司採納的做法。「我們並沒有興趣創造幾位搖滾明星來充當IBM的臉面。在設計社交媒體方針時，我們特別注重鼓勵並培養每一位員工以開放的心態積極參與的熱情。這適用於所有的平臺，推特當然也不例外。」

　　IBM甚至沒有想過利用推特行銷或從事客戶支援服務。對這家公司而言，推特是一個「專門用來交流的平臺」。克里斯騰森表示，員工們對在推特上建立的私人網路有著比企業組織架構內的傳統溝通體系更多的信任感。

　　而一千多位IBM推客已經變成了公司的記者。他們以遠勝過公司區域網和網誌的速度和效率傳播著與IBM相關的資訊。

　　然而，克里斯騰森認為，對於IBM來說，在推特上交流經驗或許是一個更大的好處。

　　「推特使員工變得更聰明。就本質而言，我們是一群領著薪酬擔任專家的人。推客們向公司內外同行學習的能力有著顯著的積極意義。」他說，「推特是一個與聰明人建立關係的最佳平臺，不管這些人身處何地、任職於什麼公司、擔負何種職務。」

　　和IBM類似的情節發生在另一家電腦巨頭戴爾的身上。但不同的是戴爾在鼓勵員工運用微博之初，帶有明確的目的性——瞭解客戶在說什麼。

　　值得注意的是，戴爾對於產品研發到客戶支援的各個階段以及各個部門的員工，都鼓勵他們使用真實身分與顧客在網路上互動，這甚至被戴爾視為公司行銷與溝通計畫的重要環節。

　　在這種背景下，戴爾在推特上的帳戶「＠DellOutlet」被看做神奇的標誌，並被公認為微博行銷成功的範例。目前，該網誌擁有超過一百五十萬名追隨者。這個資料帶給戴爾最大的收穫，是其和客戶之間建立起緊密、直接的關係。

　　即便如此，對於大多數公司而言，微博行銷的投資回報如何進行量化評估，依舊是一個困擾不斷的問題，這也是許多公司遲遲不肯加入微博行銷的原因。此項評估看似簡單，但如果對每一個專案都進行細緻評估，浪費的精力是大多數企業無法承受的。對於戴爾而言，電子商務上的目標是否透過有效行銷得到輔助，將被視作根本。而關於回報的評估，則不被當做核心。

　　這與戴爾的行銷習慣有關。在戴爾解除網際網路之後，網路行銷就一直是一項跨部門的工作。因此，戴爾一直沒有將回報效果的評估作為核心的要素。實際上，這根本不現實，因為團隊的構成顛覆了傳統行銷團隊的概念。在其團隊中既有懂技術的工程師，也有熟悉媒體運作的市場行銷人員。他們所做的工作各不相同，與客戶交流時的方式也不盡相

同，但目標的一致讓戴爾本身的形象變得更加真實、人性化。這正是微博在企業行銷方面成敗的關鍵。

許多公司對員工將自己的職務資訊公布在社交網路上這一行為持謹慎態度，一些公司甚至對員工在社交媒體、微博等地方談論工作內容有嚴格的限制。但是在戴爾，除了企業的社交媒體帳戶，公司鼓勵員工在網上公開自己的身分，並以他們為企業的形象大使和用戶交流。

只有當社交媒體真正變成了公司每個成員的工作，它才會發揮最大的作用。就像公司的社交媒體行銷負責人所言：「企業的個性，不正是千千萬萬員工個性的匯總嗎？」

另一位負責市場的管理者則更具體地道出了這個奧秘：「在中國，目前已經有很多戴爾員工活躍在新浪圍脖上。我們的下一步計畫是開發員工的潛在能量。戴爾在中國有成千上萬名員工，有誰會比他們更瞭解我們的產品、品牌和客戶需求，誰會是比他們更好的戴爾品牌大使呢？」

以戰略的高度挖掘潛能

任何一個行銷活動，想要取得持續而巨大的成功，都不能脫離系統性，單純將行銷當做一個點子來運作，很難持續取得成功。

微博行銷很簡單，對大多數企業來說效果也很有限，所以微博行銷被很多企業當做可有可無的網路行銷小玩意。其實，微博是一種全新形態的互動形式，潛力十分巨大，發揮的作用很小的原因是你本身投入的精力與重視程度不高。

曾經大家覺得網路銷售很不可靠，當時實際的效果也多不理想，而戴爾電腦公司堅信網際網路可以創造更高的銷售，未來的前景更是樂觀。於是把網際網路行銷納入經營模式中，以戰略的高度去開發網路銷售的潛能，終於，創造出了今天網路年銷售額幾百億的奇蹟。

　　企業想要微博發揮更大的效果，就要將其納入整體行銷規畫中，總結一下企業微博的操作技巧與需要注意的禁忌，這樣微博才有機會發揮更多作用。

一、傳遞價值首先要改變觀念

　　企業微博不是一個「索取」的工具，而是一個「給予」的平臺。現在微博數以億計，只有那些能對瀏覽者創造價值的微博才有價值，而此時企業微博才可能達到期望的商業目的。企業只有認清了這個因果關係，才可能從企業微博中受益。

　　欲塑造一個大家喜歡瀏覽並持續反覆光顧的微博，需要經營者持續提供目標瀏覽者感興趣、有價值的資訊。現在企業微博常給瀏覽者提供一些限時搶購、優惠券、贈品等作為宣傳與吸引瀏覽者的手段，但是不可能每天都有獎品贈送，即使每天都有禮品奉送，最終留下的關注者也都是只為了來領取獎品，甚至有些人已是專業領獎戶。這對企業品牌與銷售都沒什麼實際促進作用，還枉費了人力與財力。

　　企業要改變對價值的認識，並非只有物質獎勵才是有價值的，比如，提供給目標顧客感興趣的相關資訊、常識、竅門。可以以自己的微博為媒介平臺，聯結眾多目標客戶，如俱樂部、同城會等，同時，將線上與線下打通，讓微博有更多的功能與實際作用，這樣才能建構出一個擁有高忠誠度與活躍度的企業網誌。

　　你的微博對目標群體愈有價值，對其的掌控力就愈強。價值不僅僅是優惠和贈品，其實，微博的經營真諦是一種價值的相互交換，關注者與被關注者在這個過程中各取所需，互利雙贏，只有這樣企業的行銷模式才能長久。

二、微博個性化，給人感覺像個「人」

　　微博的特點是「關係」、「互動」，因此，這雖然是企業微博，但

是也切忌辦成一個官方發布消息的窗口那樣冷冰冰的企業微博。要給人感覺像一個人，有感情，有思考，有回應，有自己的特點與個性。

一個瀏覽者覺得你的微博和其他微博差不多，或是別的微博可以替代你，說明你是不成功的。這和品牌與商品的定位一樣，從功能層面要做到差異化，在感性層面則要塑造個性。這樣的微博具有很高的黏性，可以持續累積粉絲與關注，這樣才有不可替代性與獨特的魅力。

是人就需要說話，也就是說人需要互動，擁有一群不說話的粉絲是很危險的，因為他們慢慢會變成不看你內容的粉絲，最後更可能離開。「活動＋獎品＋關注＋評論＋轉發」是目前微博互動的主要方式，但實質上，更多的人是在關注獎品，而對企業的實際宣傳內容並不關心。相較贈送獎品，微博經營者認真回覆留言，用心感受粉絲的想法，更能喚起粉絲的情感認同。

這就像是朋友之間的交流一樣，時間久了會產生一種微妙的情感連接，而非利益連接，這種聯繫持久而堅固。當然，適時結合一些利益作為回饋，會讓粉絲更加忠誠。

三、要連續發布，也要準確定位

微博就像一本隨時更新的電子雜誌，要讓大家養成觀看習慣，你就要定時、定量、定向發布內容。登入微博後，能夠想著看看你的微博有什麼新動態，這無疑是最成功的境界，雖然這很難達到，但至少要做到經常出現在粉絲面前，久而久之瀏覽企業的微博便可成為他們思想中的一個習慣。

定時、大量地發布企業微博自然是最有利的，大量發布可以在一段時間內占據關注者的微博首頁，至少不會被快速淹沒。但是一定要保證微博品質，在品質和數量的選擇上一定要品質為先。因為，大量低品質的博文會讓瀏覽者失望。一個缺乏價值的資訊，多是垃圾內容的企業微博，不僅達不到傳播目的，還很可能被不勝其煩的粉絲刪除。

微博粉絲眾多當然是好事，但是，對於企業微博來說，「粉絲」品質更重要。因為，企業最終是要從微博粉絲身上獲得商業價值的，這就需要擁有有價值的粉絲。

這涉及微博定位的問題，很多企業抱怨：微博人數都過萬了，可是轉載、留言的人很少，宣傳效果不明顯。導致這種現象的一個很重要原因是企業微博定位不準確。假設是服裝行業，那麼就得圍繞一些產品目標顧客關注的相關資訊來發布，吸引目標顧客的關注，而不是只考慮吸引注意，導致吸引來的都不是潛在消費群體。現在很多企業網誌都陷入這個盲點當中，它們完全以吸引大量粉絲為目的，卻忽視了粉絲是否為目標消費群體這個重要問題。

企業微博定位專一很重要，但是專業更重要。同市場競爭一樣，只有專業企業才可能超越對手，持續吸引關注目光，專業是一個企業微博重要的競爭力指標。因此，對於規模較大的企業應該設置專人負責網路行銷，或由企畫部文案、策畫人員負責企業微博，有內部刊物的企業則由內刊編輯負責。如果規模較小或沒有這方面經營能力的企業可以委託專業公司代理。

四、有效控制，打造良性「蝴蝶效應」

微博沒有腿，但是速度卻快得驚人，當極高的傳播速度結合廣闊的傳遞規模，會創造出驚人的力量，但是，這種力量可能是正面的，也可能是負面的。因此，必須有效管控企業微博這柄雙刃劍。

要有效掌控企業微博，需要注意的問題很多。

一篇微博看起來只有短短的百十字，但實際撰寫的難度與重要性非常高，企業需謹慎推敲所要發布的博文、以免不慎留下負面問題；一旦出現負面問題，企業要及時跟進處理，控制局勢，而非放任自流，導致問題變得很嚴重的時候還全然不知。

微博開展活動要善始善終，對過程進行積極良性的引導。因為網路

參與的自由度非常高，任由網友的主觀意願決定，所以往往會導致事態向難以掌控的方向發展；對於互動對象的舉動與資訊回饋，也不可掉以輕心，必須積極而謹慎對待。

很多人認為，微博就是簡訊，就是隨筆，甚至就是閒聊。的確如此，但是對於一個企業微博來說，不能如此看待，因為，企業既不是大牌明星，也不是一般百姓，開設微博不是為了消遣娛樂，是以創造價值為己任，任何商業行為都必須有相應回報，擔當這樣使命的企業微博在經營上自然困難與複雜。

想要企業微博經營得有聲有色、持續發展，單純在內容上傳遞價值還不夠，必須講求一些技巧與方法。比如，微博的話題如何設定，如何表達就很重要。如果博文是提問性的，或是帶有懸疑性地引導粉絲思考與參與，那麼瀏覽和回覆的人自然就多，也容易給人留下印象。反之，如果寫的僅僅是如新聞稿般的博文，那就算是粉絲想參與都無從下手。

再如，大家對不為人知的事情都很感興趣，那麼適當加入一些隱私性話題也會增加微博的吸引力。當然，這裏的隱私性話題不是指個人私生活隱私，而是產品背後的故事，生產中不為人知的工藝、企業員工或領導者的小故事等，這些都會給粉絲帶來新鮮感和獲知欲。

微博用戶都是以休閒的心態來使用微博的，因此，微博要在內容上盡量輕鬆幽默，給人有趣的感覺，比如語言要盡量詼諧幽默，回覆要生動有趣。這樣才能讓粉絲願意去關注你的微博，對增加品牌的親和力也很重要。總之，抓住人性的特點和交流的技巧，可以讓你的微博更受歡迎。

微博雖然限制在一百多字，所以枯燥的內容愈少愈好，十個字能說清楚的問題就不要拖長到十一個字。同時，配以圖片和影片也是化解枯燥乏味的好辦法，人類本能地對視覺圖像有興趣，因此每篇博文配上對應的圖片或影片對提高網誌品質很有幫助。

企業微博的博文應該是高品質，具有價值，但是這樣的博文出於自

然原創的「產量」不會很高。所以，有時可以轉發微博，不要擔心不是原創，瀏覽者只注重文章的價值。但是，轉發的微博一定是要和自身微博整體定位相符的，品質很高的。因此，不妨多關注一些內容和性質一致的專業微博。

企業可以在多個人氣旺的微博網站同時開博，比如新浪、搜狐、網易、騰訊等，而後一份博文稿可以分別發在各微博上，這樣可以大大提高傳播效率，分攤降低經管成本。

五、模式創新，潛能開發

微博由於剛剛商業化應用不久，加之其自身具有非常高的擴展性，使得微博行銷的模式具有很大的探索空間。只要抓住機會，有效創新，就可以從中輕鬆獲益。

雖然微博行銷誕生不久，但有一些企業已經走在前面，美國一些企業已經取得較為顯著的成效，應該多參考借鑒這些成功案例，而後結合企業自身特點與客觀環境進行創新。

凡客誠品的官方微博@VANCL粉絲團在二○○九年十一月初發布了由徐靜蕾設計、與凡客誠品合作出品的配飾。同時，凡客誠品送給姚晨兩條圍脖。不久，姚晨在自己微博貼出了圍脖照片，該條微博有五百多條評論，當晚，凡客誠品助理總裁「@許曉輝」便進行轉發並評論：「想免費得到和姚晨一樣的圍脖嗎？跟帖第一九○樓、二九○樓贈送和姚晨圍脖一模一樣的圍脖各一條」，此帖在二十四小時內獲得評論超過三百條。

在推特上，戴爾公司的「@DellOutlet」這個專門以優惠價出清存貨的微博目前已經有了近一百五十萬名關注者；而透過這一管道宣傳促銷而賣出的個人電腦、電腦配件和軟體，已經讓戴爾進賬六百五十萬美元以上。

星巴克在微博上推出了自帶環保杯可以免費獲得一杯咖啡的互動活

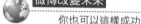
動,該活動的企畫非常成功,網友紛紛上傳自己領到免費咖啡時的照片,數以百萬計的傳播為星巴克的品牌形象做了一次盛大的宣傳。這些企業都在積極探索著微博行銷的道路,它們也都從中取得了不錯的收益。

另外,微博其他方面的功能也等待著人們的挖掘,比如,微博可以作為售前諮詢、售後服務的窗口;在企業內部管理中,管理者也可以透過微博瞭解員工心聲,和員工、同事拉近距離等。美國總統歐巴馬更把微博應用在政治領域,他在競選總統時用微博為自己拉到大量的選票。可見,微博不僅是一個傳播媒體,也不僅是一個娛樂工具,它有著巨大的潛能等待我們去發現。

冷卻狂熱的大腦──企業微博的四個盲點

微博出現後,不少企業以為自己等到了救星,幾乎不假思索地就開設官方微博。這些企業不妨先冷卻狂熱的大腦,避開微博行銷的四個盲點。

盲點一,微博行銷效果立竿見影?

擁有知名品牌的企業,在微博上的吸引力肯定也不會太弱,看著不斷竄升的粉絲數量,加上聲稱「微博註冊後馬上可以發帖、見效很快」的行銷「專家」的誤導,不少對微博互動不熟悉的企業馬上寄希望於靠微博打知名度、擴影響力、拉銷售額。但直到真正開始操作後才發現,自己發的帖子幾乎沒有任何反應,也不知從何得知消費者的資訊和內在需求,所以根本無法開展有針對性的行銷。

企業必須認清,微博不同於傳統的廣告媒體,在微博上不能以高高在上的姿態出現,而是要爭取粉絲、取悅粉絲、引起粉絲的共鳴,這項工作需要熟悉微博使用特點的專門行銷團隊負責。參與有價值的帖子的

討論，並儘量多爭取知名博主的關注，都是行銷活動個案的基礎。

盲點二，獎品是促銷成功的前提？

iPhone和iPad經常出現在很多企業的微博促銷活動中，而這些活動往往能在短時間內贏得不少關注和轉發，但問題是，這些粉絲是否真正瞭解你的產品？他們是否真的出於對你產品或品牌感興趣？未來這些粉絲是否又會忠誠於它？

NTA創新傳播機構創始人、前《創業家》雜誌主編、聯合創始人申音告訴《廣告主》雜誌：「現在企業一談微博行銷，好像就是設個官方主頁，搞網友交流和有獎促銷，這其實是品牌不自信的表現。蘋果在Facebook上沒主頁，並不妨礙它成為網友談論最多的品牌，重要的是讓你的品牌展露性格，其次是鎖定品牌的族群，最後是把每一次客服變成銷售。征服他們的心，而非討好或收買顧客。」

有獎促銷會引來大批僅僅為獎品而來的粉絲，而他們在沒有活動的期間，是沒有多大行銷價值的。食品生產商中糧集團的微博行銷獲得相當大的成功，源於其對「美好生活」概念的全方位詮釋，除了介紹中糧相關產品的好處，還為粉絲推薦健康的生活方式，它透過點點滴滴的實用資訊，獲取愈來愈多忠實的受眾。只有一片真心，才能收穫微博行銷的成功。

盲點三，微博等於新聞發布機構？

企業做了什麼事、被評了什麼獎、老闆獲得何種讚譽……一旦有類似的新聞發生，相信不少企業都會迫不及待地在微博中「炫耀」。造成這種情況的原因，一是企業內部的微博行銷團隊不懂得微博受眾的需求和微博行銷的特點，二是很多企業的微博是外包給公關公司等服務機構運作。

網易策畫經理施璐對此提出質疑：「負責企業微博運作的外包公司

究竟對企業、產品和目標消費者瞭解多少，是值得商榷的。微博行銷在於即時互動並獲取消費者及時有效的回饋資訊，如果不是企業自己運作，恐怕在資訊疏導方面會有不足。」

資訊發布，評論、回覆等互動行為，對於微博行銷的成功至關重要。只把微博當發稿平臺的企業，自然很少有關心粉絲的回覆，也就難以引起粉絲的興趣。其實，微博上的隻言片語是最有價值的用戶資訊，願意表達觀點的粉絲，往往是真正關心這個品牌，也是最容易轉化成實際消費者的人。

盲點四，微博獨步天下／微博可有可無？

無論是誇大還是縮小微博行銷的作用，都是不可取的。品牌傳播向來是多種行銷手段組合的結果，微博只是發揮或大或小的輔助作用。

微博有其自身的特點，其發布的行銷資訊碎片化，一條微博對字數、圖片、影片數量的限制影響了資訊的表現力，所以企業必須在統一的行銷主題下，與其他管道互為補充，才能達到一定的效果。如拍攝新的電視廣告，企業可以透過微博為粉絲補充一些背景資訊，鼓勵他們關注廣告和其他實體活動；舉辦微博行銷活動，企業就必須在其他媒體上予以告知，畢竟粉絲數量再大的微博，還是不如主流媒體影響力大。

而企業一旦開通微博，就不要中途放下，將其視為可有可無的東西。消失於既有粉絲的視線，等於白白放棄了企業與一部分潛在消費者的資訊接觸點，這不僅會讓努力前功盡棄，還有可能引起期待品牌資訊的粉絲的不滿。

TIPS：英國微博第一案

錢伯斯的麻煩從二〇一〇年一月開始。

一個寒冷的夜晚，錢伯斯想去拜訪在北愛爾蘭的一位網友，可是因

為暴風雪，他的航班被延誤了。如往常一樣，錢伯斯的第一反應是把這件事告訴他的推特好友。

「羅賓漢機場關閉了，」他在微博上寫道，「你們還有一周多時間把事情搞定，否則我會把機場炸上天！」

幾天後，五名員警在錢伯斯的辦公室逮捕了他，並查封了他的電腦和手機，審問了他八小時。「他們問我車裏有武器嗎？我說我的汽車行李箱裏有一些高爾夫球桿。」

在法庭上，錢伯斯解釋自己在發布這則所謂的恐嚇訊息的前十一個月，已經發布了一萬四千條簡訊，自己只是把在推特上說話當成開玩笑而已。在供詞中他提到：「瞭解我的人，以及和我一起工作的人一直都是這樣互相評論。比如，如果你一分鐘內不給我一杯咖啡我會殺了你。對我來說，很明顯，這只是誇張的表達方式。」

而錢伯斯的玩笑並沒有得到警官和法庭的認可，英格蘭北部一法院認為其透過公共電訊網路發送惡意資訊，違反了《二〇〇三通訊法案》，判處其一千英鎊的罰款。對此錢伯斯提出上訴，但是被法庭駁回。法官宣告，在現在恐怖威脅的氣氛下，這個國家的任何人，尤其是在機場，不可能不知道發這種微博可能造成的後果。

二十六歲的錢伯斯原是一個汽車零件公司的行政和財務主管，現在他因為這個罪名被公司辭退。他搬到北愛爾蘭和網友住在一起，並找到了一份新的工作。但是，他的老闆發現他的這一犯罪記錄之後，又將他辭退了。現在錢伯斯成了一個失業者。

錢伯斯的獲罪事件成為微博使用者和言論自由擁護者的熱門話題，他們分別以不同的方式表示自己對法庭裁決的抗議和對錢伯斯的支持。

英國演員斯蒂芬・弗雷也是一個推特支持者，他提出為錢伯斯支付法院帳單。其他的推特使用者開始為錢伯斯新一輪的上訴籌款。

網友們紛紛跟帖，以此來表達自己與錢伯斯同一戰線。他們或是轉載錢伯斯的微博，或是發帖稱要炸掉其他東西，諸如唐寧街、法庭、貝

辛斯托克曲棍球俱樂部、蓋特威克機場、白金漢宮以及英國廣播公司等等。

在法庭上，這一備受矚目的案件吸引了一群憤怒的推特用戶和網誌用戶陪審。他們在休息的空檔將自己的所見所聞即時發布到推特或網誌上。

三十九歲的斯蒂夫·佩吉在法庭走廊上接受英國媒體採訪時說：「如果有人把它這樣理解的話，那麼我所認識的每一個在網上發表過言論的人都可能被定罪。」

針對法官的結論，自由言論擁護者說他們根本沒有被嚇倒，他們認為法官的結論反而代表了傳統法律在約束新媒體方面的失敗。

媒體律師魯伯特·格雷指出，在某些方面，推特用戶的反應是不負責任的，但是當局必須理解這就是我們所處的時代，人們會這樣說是理所當然的。

一份以報導言論自由為主的倫敦雜誌的編輯雷迪說：「當局似乎無法理解推特的運作方式，法律中沒有任何一個條款是針對人們誇張的、諷刺的言論。對於一個以反諷幽默自豪的國家來說，這是多麼的不幸。」

> 　　微博就是用來玩的，它就像一場派對。在這場派對中，沒有主角，沒有配角，人人平等。企業要保持一種「玩」的心態，只有這樣，才能在微博上做出特色來。

第三章

掌握天機，青出於藍而勝於藍

　　《金融時報》中文網專欄作家程苓峰撰文指出，微博的力量是網誌的兩百倍，這再一次將微博話題的導火線點燃。

　　他推導的邏輯有四點：

　　第一，能寫並有意願寫有價值微博的人群是網誌的四倍。

　　第二，這群人的人均微博產量是之前人均網誌產量的五倍。

　　第三，有時間並且願意讀微博的人是網誌的二倍。

　　第四，適合閱讀微博的場所和零碎時間匯總是網誌的五倍。

　　四乘五乘二乘五，得到二百。

　　程苓峰的推理有一定的道理，在這個快速消費的時代，人們已經沒有太多的閒情逸致來洋洋揮灑一篇長篇大論的博文，三言兩語就引起廣泛的傳播與共鳴便是微博的魅力所在。畢竟微博有一個很重要的特點，便是它強大的快速傳播能力。比如說你看到了別人發的東西，你可以一鍵式地快速轉發出去。目前很多重要的新聞事件，都是透過新浪微博傳播的。

　　一個「微」字道出了微博的本質，它的魅力在於隻言片語的生產力，在行銷的盈利模式尚不清晰的現實下，微博未來發展如何，是天使

還是魔鬼？一切就看你怎麼掌握它的天機了！

接著，讓我們來分享幾個著名的微博行銷成功案例，希望心懷夢想的企業，能夠青出於藍而勝於藍。

戴爾：從「窗口」到「櫃檯」的守則

「一個好消息是邁克爾‧戴爾剛剛註冊了自己的推特帳號。他要加入我們的推特員工團隊。」戴爾美國總部網誌管理員Jacqui Zhou興奮地向記者描述他的老闆邁克爾‧戴爾（戴爾公司總裁）最近的新變化，「前不久，我們的CMO（首席行銷官）Erin Nelson去大學演講，現場就用推特進行直播，接受場內和場外觀眾的提問。」最近兩周，戴爾的管理層顯然加重了對推特的研究。

這個透過推特創造了接近七百萬美元銷售額的公司是如何將微博轉換成銷售額的？公司內部的組織架構因微博發生了哪些改變？非銷售部門的員工寫的微博帶動了銷售，公司會給他們獎勵嗎？

全面使用推特，但不要成為垃圾發布者

Jacqui Zhou還記得二〇〇七年在美國奧斯丁舉行的SXSW網路大會。「那次大會是戴爾在推特上第一次嶄露頭角。」那時，戴爾的一位員工無意中注意到了這個新的平臺，就遊說他所在的部門進行內部嘗試，這樣戴爾首先在推特上開始了DellOutlet商店的運作。

Zhou記得在那個過程中，參與的很多同事並不十分理解。「這個平臺究竟是什麼？誰會來看呢？它跟我們的固有消費者重疊嗎？還是增加了新的人群？大家完全不知道。」

但事情馬上有了轉機。「我們並不知道推特上面一百四十個字該發什麼。我們發公司的新聞、動態、產品廣告、打折資訊等等，一切都是嘗試。」而在這個過程中，戴爾發現所有內容裏面，最能贏得粉絲好

感、獲得最多關注的是打折資訊。「於是我們決定專門針對推特用戶開始有序地發布打折消息。這是很關鍵的一步，這種一傳十，十傳百的平臺特徵，使得我們的粉絲開始陸增。而媒體發現了這樣的新聞也主動要求報導。如滾雪球一樣，我們獲得了更多用戶的關注。」

「很多企業都將推特作為單向推廣管道，發送過多的推廣資訊。」戴爾企業事務高級經理理查・本哈默也在觀察其他企業的做法，「微博可以發企業產品廣告嗎？粉絲會反感嗎？」戴爾也在思考。

本哈默和他的團隊最終得出的答案是：「透過推特向用戶濫發資訊會使用戶取消對你的關注，你也會很快被遺忘。」戴爾開始格外關注每條資訊的品質，「不濫發資訊，但我們會著重篩選粉絲關注的促銷資訊，並且要以用戶能夠接受的表達方式進行。如果你需要徵求意見，只要問問你在推特上的關注者即可。」

最終，戴爾確定了四個在推特可以發布的資訊：公司新聞、打折資訊、網誌帳戶、社區帳戶。其中，兩類資訊還肩負著凝聚粉絲之用：第一，任何資訊都要有價值；其次，要及時互動回饋。從布局上，戴爾創造性地確定了一個微博的多樣化戰略，即並不僅限於一個帳號。如果你只是想找打折資訊，可以關注「@DellOutlet」；如果你只想瞭解戴爾的突發新聞，便可以關注「@Direct2Dell」。為了迎合用戶的興趣，戴爾還專門設立推廣用的推特帳戶，為那些對此感興趣的用戶提供純粹的推廣資訊。本哈默介紹，這樣做可以滿足不同族群的需要，並透過此途徑與全球各地的各類用戶進行交流，並滿足他們的需求。

員工寫微博，公司會給他獎勵嗎？

到底有多少人參與戴爾微博的工作？Zhou並沒有提供一個確切數字，「非常多，微博的媒介形式正在逐步滲入到戴爾的每個部門，不僅僅公關和市場行銷人員使用它，客服和技術人員也用它來替用戶解決問題，內部研發人員透過這些網上用戶的回饋得到有用資訊，幫助他們研

發產品。」而每一位使用微博的人員，同時也提供維護。

從二〇〇七年公司確立了微博的多樣化戰略後，戴爾對於微博管理的人員和組織架構也進行了規範化調整。據瞭解，戴爾在推特和新浪微博上的每個官方帳戶背後都有一個綜合團隊。每個帳戶都有一個負責人，但是團隊成員是跨部門的。「一般來說，帳號會由所涉及領域業務的員工來負責，銷售部、技術支援和客戶服務部門的成員也會參與，發揮輔助的作用。如果客戶有任何問題，這些工作人員能夠及時解答，確保和用戶之間的雙向溝通。」Zhou介紹。

同時，戴爾確定了對於微博平臺的考核準則，分為短期和中長期兩種。短期來講，考核準則為發文的數量和品質、粉絲人數、評價、參與度、帳號的整體影響力，以及微博帶來的業務量（適用於某些帳號）。中期考核細則需要衡量微博是否幫助戴爾改進在網上的聲譽。從長遠上來說，戴爾很關注這個平臺是否幫助公司和用戶更好地溝通、提供用戶更好地服務，是否幫助戴爾實現整體業務目標。

二〇一〇年起，戴爾開始鼓勵自己的員工加入到微博平臺中。「你們怎麼鼓勵員工去寫網誌，非銷售部門的員工寫的網誌帶來了消費者，你們給他獎勵嗎？」大家很好奇。戴爾的全球中小企業線上業務總監Michael Buck笑著回答：「我們現在給員工的薪水已經相當不錯了。」「戴爾的文化成就了戴爾員工的做事方式，讓員工覺得這是他們工作的一部分，不需要更多激勵，因為他們習慣了這種和客戶直接打交道的方式，這不是額外增加工作量或者浪費時間的事情，而是使工作更加有效率，而且能使問題得到更快速解決的處理方式。」

「他們在網上代表著戴爾的形象，而Michael Dell等最高管理層的親身參與和互動是對員工最好的鼓舞。」Zhou說。

統計資料表明，戴爾透過微網誌已經帶來了接近七百萬美元的營業額。「這主要是由微博上發布的打折資訊轉化成為消費者實際的關注度和購買力換算而來。」Zhou介紹。據瞭解，戴爾在推特網站上發布的

打折資訊，會附加追蹤代碼，從而可以追蹤實際的營業額。另一個前提是，歐美國家的網購非常發達。但戴爾來到中國，卻要面對中國網購才剛剛興起，消費者更加理智的消費觀問題。

「網購在中國剛剛興起。中國用戶顯得更加謹慎，他們會在網路上查詢產品的資訊、其他用戶的評價。」戴爾中國的團隊介紹。

「如果你只是想透過推特來賺錢，那心思便用錯了地方。」本哈默這樣詮釋戴爾利用微博的心思，「在微博上賣產品是一個表面現象，賣的成不成功，還要看內功——也就是企業的口碑和產品品質。」戴爾內部有這樣共識：打廣告，贏得的是客戶的eyeball和ear，透過社交媒體，贏得的是heart和mind。

但在中國的微博推廣也有一些積極的因素。「在美國，大家很習慣企業利用社交媒體和個人用戶直接溝通。在中國，很久以來，有個業界心照不宣的灰色現象，就是習慣用公關來解決網路的負面問題，造成了中國用戶不信任網上的言論。而微博公開透明地和用戶互動，同時我們的員工也在網路上和大家直接交流，大家覺得很新奇，反應也特別好。」戴爾中國表示。

本哈默說：「戴爾的目標是成為網路領導者，並且能夠不受地域限制與用戶取得聯繫，這一切都源於透過網路傾聽用戶的意見，並與用戶取得聯繫。過去幾年間，這已經被證明是我們企業的無價之寶。我們將社交媒體看做是一種進一步加強與用戶直接聯繫的方法。我們獲得的額外收入是對我們主動迎合用戶的一種獎勵。」

戴爾攻略：

一、透過推特向用戶濫發資訊會使用戶取消對你的關注，你也會很快被遺忘。戴爾格外關注每條資訊的品質，「我們會著重精選粉絲關注的促銷資訊，並且以用戶能夠接受的表達方式進行」。

二、戴爾確定了四個在推特可以發布的資訊：公司新聞、打折資

訊、網誌帳戶、社區帳戶。

　　三、戴爾明定對於微博平臺的考核準則：分為短期和中長期兩種。短期來講，考核準則為發文的數量和品質、粉絲人數、評價、參與度、帳號的整體影響力，以及微博帶來的業務量（適用於某些帳號）。中期考核準則需要衡量微博是否幫助戴爾改進在網上的聲譽。從長遠上來說，戴爾很關注這個平臺是否幫助公司和用戶更好地溝通、提供用戶更好地服務，是否幫助戴爾達成整體業務目標。

　　四、在微博上賣產品是一個表面現象，賣的成不成功，還要看內功──也就是企業的口碑和產品品質。打廣告，贏得的是客戶的eyeball和ear，透過社會媒體，贏得的是heart和mind。

凡客誠品：微博，興奮容易堅持難

　　「無論是企業微博還是網誌，剛開始做都容易興奮，但關鍵是怎麼能堅持做下去。」當凡客誠品的微博經營在業內受到好評之時，凡客誠品總裁助理許曉輝卻有著自己的擔心。

　　先看看凡客誠品這幾個月來的微博是怎麼做的。首先，凡客誠品準確判斷自己的用戶群。「經常上新浪微博的一部分人是絕對的網路公民，他們不僅是微博的用戶群，同時也是網購服裝的準用戶群。」許曉輝說。這一點在日後得到了更準確的證實。

　　其次，推出花樣不斷翻新的行銷手法。這個由卓越網骨幹班底創辦的電子商務公司對網路有著與生俱來的敏感。在二○○九年八月新浪微博進行內測時，他們是最早一批進入的用戶。幾個月間，凡客誠品連續推出一系列活動：一元秒殺原價人民幣八八八元的服裝，網購豪禮送，邀請姚晨、徐靜蕾等名人互動吸引用戶，聯合新浪相關用戶贈送VANCL牌圍脖，利用暢銷服裝的設計師講述設計背後的故事，讓剛入職三個月的員工大肆抒發感性情懷……當絕大部分企業還搞不清微博為

何物時，凡客誠品已經迅速聚攏了人氣。

「我們希望能增強企業人性化特色，展現平易近人的一面。我們完全能接受負面的聲音，而且鼓勵網友給凡客誠品提意見。接到問題我們會用最真誠的態度去改正。」許曉輝說，「微博這個平臺需要的投入非常小，風險性並不大。」據瞭解，凡客誠品目前只有一個人兼職做微博。「雖然從目前來看，微博的行銷效果很難評估，但是相對的投入也很少。」

很多人問起許曉輝到底透過微博有沒有帶來實際的收益，他總是告訴對方：「在中國，用微博類的平臺做銷售沒有意義。原因就是你的粉絲沒有達到足夠多，現在達到十萬的都很少，所以根本無法當成商業平臺運作。」所以凡客誠品的微博，發布原則是絕對不發廣告和軟文。

但如開頭所言，凡客誠品最近一直在思索如何將微博的好評有效延續下去，這緣於之前他們做企業網誌的經驗。「縱觀整個中國，很多企業的網誌大部分已經形同虛設了，我覺得這樣的工作其實堅持會比最早有這個創意更重要，很多企業做了一段時間之後逐步的放棄掉了，因為最初只是好奇。」

「我們堅持到了現在，效果也是慢慢才看出來的，現在最關鍵的是堅持，」許曉輝說，「我們得想清楚做這件事的意義。這個平臺不是直接做生意，而是跟你的消費者建立情感的互動。」比如，近來雲南非常乾旱，正好北京有一些民謠歌手要舉辦活動。於是凡客誠品徵集用戶一起去雲南民謠演唱會現場，與民謠歌手一同做公益。「我們的徵集管道和宣傳平臺也是利用微博跟網誌平臺，而不是在銷售層面的平臺。」

凡客誠品攻略

一、微博平臺是一個傳遞企業思想生活動態的空間。企業也是一個人，它也有各個層面的情感。千萬不要在這裏說賣東西的事情，那太商業了。

二、在這個平臺上，我們需要堅持細水長流的原則。不一定要有爆發性的事件讓所有人都知道，而是透過平日對品牌理解的輸出，良性地建立起與博友長期的互動關係。這樣就能避免一旦沒有了爆發性事件，就失去與博友的互動的情況。

Zappos：與客戶談「戀愛」

論及追隨者的數量，zappos.com的首席執行長謝家華（Tony Hsieh）當之無愧是第一人，他現在名下已經有將近一六八萬五千名追隨者。zappos.com以網上賣鞋起家，現在已經變成了一個名副其實的網路百貨商場，產品從鞋子擴張到了服裝、家居、廚房用品、電器等等。

謝家華的推特就是zappos.com的官方推特。如果你以為這個推特聊的都是名牌鞋子、網路促銷和客戶服務，那就大錯特錯了，這是一個討論快樂和幸福的地方。快樂和幸福，也是謝家華治理這家以客戶服務為核心的公司的理念。

Zappos對推特的利用並非急於求成，它不是為了直接盈利，所以採用無為而治。謝家華認為，公司治理就好比是與客戶談戀愛，最終，維繫戀愛雙方關係的是共同的價值觀念。

現年三十五歲的謝家華早在十年前就已經身家百萬美元，並開始致力於建造自己的幸福理論。Zappos的十大核心理念中，第三條是「創造樂趣以及稍稍搞怪」。在推特上，謝家華把自己變成了一個符號、一個理想、一項行動、一種生活方式。

作為一家網路零售商，Zappos的客戶是一群年輕並蝸居於網路的人。謝家華以執行長的旗號所開的推特帳戶，表明了Zappos樂於接近客戶、理解客戶的態度。客戶關係是一個老話題，但是在推特帝國，這種關係上添加了一層個人化和私密性的含義。一百四十字的限制，即時

對話的隨意，網路傳播的速度，讓發微博中間的程式容不得冗長的沉思和繁瑣的審查。筆誤、錯字、敏感詞、個人化口吻、簡寫都是推特的特性，所以一家公司假使擁有可人的個性，還必須有相當程度的透明性和開放性來展現這種個性。身為執行長，謝家華並不介意被自己的同事戲弄，他還會把這些娛樂性的小鬧劇搬上網路分享。比如在最近的一則推文（發布資訊更新的按鈕名稱）上，他貼出了自己在公司運動會上被要求頭頂馬桶塞的YouTube聯結。當然，這個影片也展現了整個公司的娛樂精神。

除了謝家華，Zappos還有一個官方推特網址，凡是在推特開有帳號的員工都列在這個網頁上。

與一般公司不同，Zappos鼓勵自己的員工使用推特。對許多公司來說，這樣的政策意味著重重風險，也許這需要投入大量精力培訓員工如何以官方的態度進行推特——當然這樣是謬以千里，完全抹殺了推特的本能。透過推特，Zappos傳達的理念是：看，我們和你們一樣，是一群好玩的人，在這裏我們不談生意只談生活。它透過每一個員工來個人化公司，從而把公司的品牌和個性解體成無數個幸福的個體，與客戶建立私密的關係。

不過，歸根究柢，對於Zappos來說，推特就好比戀愛在個人生活中的地位——戀愛無法取代事業，而且事業很多時候是戀愛的砝碼。如果談到Zappos真正的武器，其一是扎扎實實的基於電話和郵件的客戶服務，其二是雙向免費郵遞，其三是三六五天內的退貨政策。

Zappos攻略：

一、對推特的利用並非急於求成，不是為了直接盈利，所以採用一種無為而治。謝家華認為，公司治理就好比是與客戶進行戀愛，最終，維繫戀愛雙方關係的是共同的價值觀念。

二、與一般公司不同，Zappos鼓勵自己的員工使用推特。透過推

特，Zappos傳達的理念是：看，我們和你們一樣，是一群好玩的人，在這裏我們不談生意只談生活。

三、Zappos透過每一個員工來個人化公司，從而把公司的品牌和個性解體成無數個幸福的個體，與客戶建立私密的關係。

星巴克：推特知道什麼最重要

「如果在推特無法引起轟動，那麼它壓根就不重要。」這是星巴克的產品經理Brad Nelson在最近一次網路媒體會議上所說的話。Brad Nelson管理著星巴克的多個網路媒體帳號，包括推特、Facebook和Flickr。以推特為中心的行銷是星巴克的網路媒體策略。星巴克的重大新聞一般都提早五到十分鐘在推特預先發表，如果引起轟動和良好的反應，公司才會在其他傳統管道發布同一消息。透過管理推特，Brad Nelson比公關部門更能準確預見公司的媒體事件是否會有效。

以最近的一個例子來說，Brad在推特上發布了一則看似隨意的訊息，附帶twitpic照片：「網路組剛剛嚐了Komodo Dragon，配了可口的咖啡蛋糕，好喝、口感極強的一杯！」結果，這條資訊引發了許多網友的討論。有的人開始問什麼是Komodo Dragon，於是Brad就順水推舟，在回帖中附了這款咖啡的促銷網頁，其中有極其詳盡的多媒體資訊，包括影片、新聞、Facebook聯結以及網友評價。Komodo Dragon這個原來只在網上銷售的產品，星巴克正準備將之推廣到店內銷售，並作為當週的特別推出產品。

推特上製造的每一個話題都是一場網路媒體式的行銷。Brad的行銷訣竅是，首先要聆聽，看客戶的反應，然後將所有與話題相關的資訊都呈現給客戶，回帖速度要快，並且要不露痕跡地引導話題。他的另外一個小竅門是，在twitpic不要使用太高清晰度的照片，那樣會太類似傳統的公關宣傳，要儘量讓照片和消息平凡得如同其他普通推特用戶的內

容。

　　把推特作為廣告和促銷的輔助手段，Brad Nelson無疑需要處理與公司公關和市場部門的關係。有些時候，如果公關市場部門的內容很確定無法引起推特用戶的興趣，Brad就會拒絕在推特發布這樣的資訊。而更多時候，如果必須配合這些部門的話，他會賦與內容個性。推特上的資訊，雖然每一條不能超過一百四十個字，但是足以體現一個人的語氣、心情和個性。你必須是一個有意思的人，才能用短短一百四十個字陳述一件原本或許平淡無奇的事情，才能勾起目標讀者的興趣。

星巴克攻略

　　一、重大新聞一般都提早五到十分鐘在推特預先發表，如果引起轟動和良好的反應，星巴克才會在其他傳統管道發布同一消息。

　　二、首先要聆聽，觀察客戶的反應，然後要將所有與話題相關的資訊都呈現給客戶，回帖速度要快，並且要不露痕跡地引導話題。另外，在twitpic不要使用太高清晰度的照片，那樣會太類似傳統的公關宣傳，要儘量讓照片和消息都平凡得如同其他普通推特用戶的內容。

　　三、你必須是一個有意思的人，才能用短短一百四十個字陳述一件原本或許平淡無奇的事情，勾起目標讀者的興趣。

捷藍航空：及時平息客戶的怒火

　　許多大品牌公司視推特為一種新的補充性管道，用以提升傳統公司的傳統職能，比如提升客戶服務。許多公司是「被迫」使用推特，美國捷藍航空公司（JetBlue Airways Corporation）就是其中之一。

　　二〇〇七年年初，捷藍航空因為天氣問題取消大量航班，客戶服務卻沒有跟上，一些客戶開始在推特上抱怨。捷藍航空意識到了網路媒體如推特的力量，用戶想要說什麼，你永遠也無法控制。如果不提升客戶

服務，公司的品牌和形象肯定要受損。捷藍航空作出了正確的決定，其執行長親自出面道歉，發布了捷藍航空的客戶條例，允許客戶在某些情況下獲得賠償。更進一步，捷藍航空開始探索利用推特的可能性。捷藍航空現在在推特上已經擁有超過一百六十多萬追隨者。這家公司成立了一個由七名員工組成的團隊來輪流管理公司的推特帳號，以便提供全天候客戶服務。

捷藍航空發現推特的真理是，說客戶想知道的東西。如果你不確定客戶是否喜歡你說的東西，可以查一下多少人回覆了這條資訊，或者直接在推特上向客戶虛心請教他們關心什麼。捷藍航空選擇了推特的私密信息（Direct Message）服務，一些敏感話題或隱私就可以局限於單一客戶和公司，而不會被他人看到。

對於捷藍航空在推特上的服務，一個客戶Dave Raffaele評價說，「我終於得到了人道待遇。」兩分鐘之內，捷藍航空就回覆了他的問題，這比在機場客服中心排隊苦等要迅捷多了。一般情況下航空公司不屑處理或者客戶不願意浪費時間反應的小問題，比如某個航班的機上溫度需要調整等等，也可以在推特上得到讓人滿意的答覆。除了專業人員的服務，公司建立推特客服帳號的另一個優勢是，可以促進客戶之間的互相幫助。比如當Dave因為過早到達機場而找不到服務人員托運行李時，其他有經驗的客戶透過回覆提供其準確的答案。

捷藍航空攻略

一、說客戶想知道的東西。如果你不確定客戶是否喜歡你說的東西，可以查一下多少人回覆了一條訊息，或者直接在推特上向客戶虛心請教他們關心什麼。

二、捷藍航空選擇了推特的私信服務，如此一來，一些敏感話題或隱私就可以局限於單一客戶和公司，而不會被他人看到。

三、成立一個由七名員工組成的團隊來輪流管理公司的推特帳號，以便提供全天候客戶服務。

可口可樂：新浪微博的「願望」行銷

二〇一一年春節前夕，很多人在微博中分享了標有自己新年祝福語的可口可樂「新願瓶」：瓶身由祝福文字異型排列組成，造型經典、獨特。這是可口可樂聯合新浪微博發起的「新願歡想中國年」活動，粉絲們輸入一句祝福語，就可以生成個性化的「新願瓶」。這個有著期許意義的瓶子，用健康、快樂、開心、平安、樸實的祝福，承載了粉絲們在新年裏相互祝福的心願，寄託了可口可樂對世界的祝福。

談及上述創意時，擔任知世‧安索帕上海總經理，畢業於美國密西根州立大學大眾傳播學系，擁有十七年廣告、直效行銷、互動行銷等行銷傳播經驗的范文毅說：「最初這個創意的產生過程很簡單，微博本身就代表了年輕、時尚，可口可樂的瓶子形狀代表了一定的正面向上的意義，加上春節的喜慶氣氛，三種積極向上的形象氛圍相融合，創意就這麼產生了。我們認為，微博裂變式傳播的影響力，能夠讓消費者更瞭解可口可樂的文化。」

二〇一〇年是社交網站蓬勃發展的一年，同時也是微博風靡中國的一年。DCCI網際網路資料中心預測，中國實際不重複的微博獨立用戶數到二〇一一年、二〇一二年、二〇一三年年底預計將分別達到一億、一點六八億、二點五三億人。據最新的資料顯示，新浪微博的註冊用戶總數已超過一億，新浪計畫將微博作為新媒體成長戰略的核心。微博的出現，讓個人和企業都開始思考新的傳播方式所帶來的改變和可能性。

新浪微博助推「新願瓶」

「可口可樂透過艾瑞市場諮詢、移動行銷資料、網路資料等第三方資料分析，發現新浪微博上有很多消費者。由於新浪微博與手機緊密結合，愈來愈多的消費者使用手機隨時隨地收發微博資訊。可口可樂透過新浪微博可以密集地與消費者接觸，傳遞可口可樂的品牌精神。」

　　談及選擇新浪微博作為此次傳播活動的主要陣地時，范文毅說，可口可樂與新浪微博合作舉辦「新願歡想中國年」活動，是基於可口可樂品牌與新浪微博受眾之間有著很深的契合點。

　　此次可口可樂微博行銷活動，把可口可樂個性瓶、新年祝願、微博三大元素融合其中，將抽象的品牌、簡便的參與方式、消費心理和切身的體驗結合在一起。

　　新浪微博首次與多個名人的網誌合作，提高了不同領域粉絲的參與度。新浪透過名人網誌首頁，開通Widget平臺，以便名人網誌可直接參與可口可樂「新願瓶」活動。在此次活動中，名人的宣傳效果遠遠超出了范文毅的預期。

　　微博是社交的媒介，邀請名人參與傳播可以取得獨特的效果。范文毅說：「選擇那些對可口可樂目標人群有影響力的名人，可以高效率地豐富此次活動的內容，提高品牌曝光量。開始的時候我們作了一些規畫，後期透過名人自發地發起互動，帶動粉絲們參與個性化的『新願瓶』活動，表達他們的美好願景。」

　　「專案執行期間，許多『Ｖ認證』用戶也參與了話題討論。意見領袖積極參與，說明此次活動的設計和話題兼顧到了『可樂控』們的需求：品牌文化。意見領袖參與話題交流，是能夠吸引粉絲最大關注的焦點。」

　　活動初期名人參與對項目推廣發揮很大的作用。在這個過程中，選擇不同的名人，范文毅考量到不同的受眾，即不同的名人與不同類型的粉絲群體互動，例如大學生、中學生容易與年輕的名人產生共鳴。「只是目前很難追蹤到每一個粉絲的推廣情況，如果技術可以達到的話，廣告主對整體活動的控制會更加明確、精準。」范文毅感嘆說。

　　除名人效應驅動之外，可口可樂還透過獎品發起宣傳攻勢，充分調動粉絲參與的積極性。在活動期間，將微博有規劃的主題內容配合有獎性質的促銷活動，以「利益」誘發粉絲們的參與熱情。可口可樂個性化

的「新願瓶」配合抽獎等活動，在新浪微博一度引發粉絲熱烈地互動。

范文毅認為，可口可樂「新願瓶」活動取得成功的另一大因素是：參與門檻的降低，意味著粉絲參與成本的降低，所以可以吸引更多的粉絲嘗試參與。參與此次活動的方式相當簡單，只需要輸入自己的心願，僅僅一句話，就可以形成文字排列的可口可樂個性化「心願瓶」。因為放棄了繁瑣的募集、上傳等活動參與手法，不去改變用戶的上網行為方式，因此，此次活動達到粉絲參與範圍的最大化。

實際上許多粉絲對活動普遍有參與的興致與動機，不過因為大多數活動設置了繁瑣的環節，讓粉絲望而生畏，最終降低了粉絲的參與度。而微博被認為是一種有人情味的溝通工具，因此微博行銷活動應當在確保宣傳效果的前提下，盡可能地做到簡便易行。

可口可樂此次傳播活動開微博之先河，透過名人效應、簡單的參與方式，吸引了眾多網友參與。范文毅認為，讓新浪微博成為可口可樂的推廣夥伴，是明智之舉。

可口可樂預期此次新浪微博活動參與的人數為三百萬左右，而最終的資料顯示有六百八十萬人參與，微博活動參與條數為八十多萬，創下了新浪華東地區微博活動的新紀錄。范文毅坦言此次活動的執行效果非常好，令人欣慰。

關於微博對可口可樂以及快速消費品企業的行銷價值，范文毅認為，微博是非常好的行銷平臺，它對於快速消費品最大的意義就是能夠與消費者直接接觸。微博是社交媒介，消費者對微博的信任度比較高，企業可以透過微博行銷讓品牌高頻率、深入地曝光。就快速消費品行業而言，這種低成本、高收益的行銷方式，廣告主是非常願意接受的。

傳統媒體依然有著傳播優勢，在傳播中占有很大的比重，然而巨額的廣告宣傳費，讓許多企業望而卻步。而微博行銷的出現，給了企業一個低成本、精準傳播的途徑。

范文毅說：「與微博活動同時舉辦的手機活動，也得到非常好的效

果，大大超出了我們的預期。由於手機活動本身的限制，簡訊及WAP網站流量為三十多萬條，因此我們希望手機能與微博進行更多的結合。但是限於技術水準，無法追蹤到參與此次活動的受眾是否轉發簡訊。無論微博還是通信管道，廣告主希望知道參與者的曝光量，而且這一部分內容是不必付費的。」

對於微博行銷，除了效果監測，范文毅還希望微博能夠對話題進行整合。「我們希望在以後的口碑行銷活動中，發布話題時，儘量找到品牌和用戶之間最為普遍結合的一個點，比如生活、休閒、娛樂等，這些都是微博高收入族群尤其是「可樂控」們高度關注的話題，同時還增加一些實體的參與互動活動。當然，話題會依照微博的屬性進行規劃，不同的專案會根據不同的話題進行整合。」

可口可樂攻略：

品牌做微博行銷一定要持之以恆，並且堅持長期投入，這不只是辦一個活動而已。

微博是一個慢熱型的媒體互動平臺，可口可樂除了透過廣告活動予以配合外，一年三六五天持續與粉絲互動，讓消費者深入瞭解可口可樂的品牌精神，在一個較長的時段裏，幫助品牌成長。

低成本的線上活動配合一些線下實體活動，可以把微博的行銷效果發揮得淋漓盡致。根據活動內容，讓受眾以更多的形式參與。

成功點穴需給足「答案」

有人叫他微博教父，有人稱他是微博狂人，而他自己最喜歡的稱謂是「微博海軍總司令」，這個人就是微博紅人杜子建，現在是答案傳媒有限公司的執行長。在他玩微博的一年中，不僅玩出了一個新公司，還玩出了一套微博行銷理論。

「從傳播學上看，微電影《老男孩》的行銷、電影《讓子彈飛》的行銷、賈伯斯的每次新聞發表會等等，都會有無數的人轉發，都很成功，這些轉發所產生的市場認知、市場跟隨，都會使人產生直接購買的欲望。」在杜子建看來，成功的微博行銷，一定是一個給答案的過程，而答案行銷將是微博行銷的方向和未來。

杜子建說，玩微博的人歸納起來其實只有三種：一種是純玩的人，第二種是找答案的人，第三種是給答案的人。在杜子建眼中，微博像極了核子物理的核連鎖反應，一個中子被撞擊會繼續裂變成二至三個。在新浪，一個帖子被一個擁有十萬粉絲的人轉發後，就意味著有30％至40％的人看到這個帖子了。而在這樣的連鎖反應中，如何抓到精髓並將行銷做到細緻入微，正是杜子建做微博行銷需要破解的難題。杜子建說，他所要做的就是拿出創意，給出答案。

「我們公司現在就是在研究答案，你看百度知道有海量的問號卻沒有給答案，而一個好的網路行銷，其實只需要給答案就行了。比如在微博裏，我說餓了，這時候賣速食麵的、賣麵包的都可以跟進去給一個怎麼解決的答案，而這些答案行銷正是微博行銷的方向，是需要很大的人力、物力和創意來實現的。」杜子建說，答案行銷就是給出理由，並附帶一個真誠的提醒，而微博行銷就是要有創意，要將每條微博的不充分資訊用創意來彌補，以保證有足夠的信息量來獲得用戶關注。

「玩微博，一定要先養好自己的微博，企業不能急於做廣告，操之過急就容易做死。微博至少養半年，給足答案。」杜子建認為，消費者購買產品其實就是在找答案，找一個適合自己的答案，而企業要做的則是給出答案。他舉例說，比如企業要銷售一部手機，就要給出這部手機的答案——觸感好、聲音好、畫面好等，這些答案給足了，用戶的轉換率自然就會大幅提升。

品牌戰略專家李光斗認為，微博行銷是一種全新的行銷模式，這種圈層行銷徹底打破了以往金字塔式的行銷。但是，從整體上看，目前

中國企業借助微博行銷的步伐才剛剛啟動，仍處於試水溫階段。雖然設置官方微博的企業與日俱增，但真正能做好微博行銷的企業鳳毛麟角，即使有開展也多為簡單同質化，難以調動用戶參與的積極性，而效果評估、贏利模式等也還在探索之中，許多模糊認識仍未得到明確。

但是這似乎並不妨礙愈來愈多的企業開始嘗試微博行銷。新浪微博企業合作負責人王凡告訴記者，目前在新浪得到官方認證的企業已達數千家，從在微博上進行企業內部溝通，到企業領導人的形象樹立再到行銷，這些企業愈來愈肯定微博行銷的價值。在王凡看來，利用微博行銷較成功的案例之一是東方航空公司的空姐集體入駐新浪微博。「將品牌分散到自己的員工身上，讓員工去對話，這種多個人從細節方面來表達品牌的方式是比較好的。」王凡說。

事實上，成功的微博行銷，應該將微博看做一種工具，而並非行銷的全部，行銷的重點仍然需要放在傳統的策劃和落實上。

在絕大多數持有門戶之見的大公司眼裏，即便微博風光無限，但終究是小器物。這些體格巨大的企業不可能像一個無所事事的素人一樣，整天用手機發一些漫無邊際的言論。

然而一個不爭的事實是，一句「春節過得好嗎？」比「你打算買多少？」所建構起來的關係，更讓人覺得可靠。

當企業和顧客之間不再是簡單的買賣雙方，而被賦予更豐富的人性化色彩之後，買賣自然會更溫和、更容易。

第四章

微博公關：與「上帝」的溝通天路

二〇〇九年秋天，美國知名零售企業百思買（Best Buy）公司打出推特大旗，用電視廣告、網路行銷等多種手段，試圖攻占消費者的購買領地。然而在所有行銷手段中，被人津津樂道的卻是這一項——組織二千五百名員工上推特發送產品促銷資訊。

這個數目驚人的「行銷團隊」是由公司內最具熱力、對產品資訊瞭若指掌的員工組成，他們的背景各不相同，所在的部門也不同。於是，一個有趣的現象出現了，當他們面對電腦螢幕和來自各個層面的顧客交流的時候，所用的方法也不盡相同。

在百思買的微博網站上，這些團隊成員的照片掛滿了整個螢幕，這將無形的指導轉化為可以追蹤的資訊。比如，客戶科恩從百思買公司剛買了一台GPS衛星導航，但是卻無法使用，她曾經嘗試過撥打百思買的客服電話，但是語音提示資訊說，她需要等上一個小時才能收到答覆。

於是科恩便發送了推特資訊，幾分鐘內百思買的員工就發來了有用的聯結以及與該產品相關的細節資訊。科恩說：「實在是太神奇了。」

百思買在這個案例中的良好表現，可以被看做公司文化的完美寫照。「我們的員工擁有天賦之才，我們也致力於發掘他們的潛能，鼓勵員工做最好的自己，從而同公司一同成長。百思買克服重重艱難險阻，引領公司走向未來。」既高瞻遠矚又平易近人的態度，最終造就了微博行銷的勝利。

在獲得滿意的效果之後，百思買公司說：「我們原有的行銷模式是開門做生意等客戶上門。但是在全球化的資訊世界，我們需要走出去瞭解人們對電子產品的看法，他們的需求和興趣。如果公司能夠提供更好的產品，那麼客戶就會前來。」

溝通的神奇效應，不只發揮在企業和客戶的問題化解方面，問題化解的背後，有著更穩固的客戶信賴度，也就是利益。

這種溝通，因為微博的出現，變得更加神奇。

議論：「諸位，別為難章子怡了！」

微博出現以後，舊時代似乎一去不復返了。正如ＩＴ產業評論人謝文所說：「未來網際網路將是以人為本，完全圍繞人來提供不同服務，網際網路也將變得愈來愈真實。」而那些過去「只能在一旁乾瞪眼，湊湊熱鬧」的溝壑，現在已經被微博填平了。在聲音表達方面，素人的加入讓整個話語世界具有了由下而上的主導力。難怪素人們不無得意地宣告：「素人有多少，微博就有多大。」

關於微博和網誌之間的區別已經不需要再多加探討。不過在微博支持者們的眼裏，微博無疑對一件事的表達產生了更具體的影響。

短短幾個字，幾乎就是一個時時刻刻開啟的擴音喇叭。個人的真實想法由此找到了突破人際關係的利器，並且這種工具的隱形功效讓發言

者將網路世界與真實世界之間的距離革命性地再次縮短。

網友稱：「網誌：就像在家寫心情日記，是極其個性化的寫作，口語化，相對出版語境較為隨便；微博：喃喃自語的一句話，有時候反應，是三三兩兩的私語，是課堂上流傳的小紙條。網誌是一個人的長篇大論，微博就是一個人和幾個人小聲的嘀咕。」令人咋舌的傳播速度，微小的容量，巨大的爆炸力，當這些因素集中於一體，這個快速膨脹的時代和逐漸冷漠的人際氛圍便產生一次偶然邂逅。

此後的方向成了一種必然。

微博在素人對一件事的表達方面最具爆發力，這體現在素人們最關注的娛樂新聞中。可以預料，今後的各種焦點事件將因為素人的加入而增添一種自覺主導力量，甚至「沉默螺旋」理論也會因此改寫。

二〇一〇年年初，有人透過新浪微博爆料：「未經證實的新聞：著名的女星，據說現在正面臨麻煩。另一位女士稱其騙了自己兩億，還被搶了男朋友。」事件被快速風傳的同時，章子怡作為事件主角浮現出來。某日，有一群人於凌晨時分來到酒店大堂大罵章子怡，並向其巨幅海報潑墨。

隨之而來的不僅是素人熱烈討論，眾多媒體顯示了更大的熱情。很快有媒體爆料稱事件的幕後策劃是和章子怡合作過的鄧文迪，而文化名人洪晃則透過微博表達自己的看法：「據我所知打手幕後的女人沒老公，給人當小三，而小三這麼公開鬧事，也不是一般人。建議娛樂記者們還是去找找這個幕後交際花吧。」

洪晃的出面讓更多素人找到了更明確的八卦方向，根據洪晃的看法，這種「下三濫」的方法肯定不是名人所為，面對眾多不明就裏的微博素人，洪晃的看法具有意見領袖的奇效。然而在素人們的眼中，似乎有比潑墨更值得他們去討論的新聞。

一波未平一波又起。章子怡在「潑墨門」還未見底之際又深陷「詐捐門」。

　　有網友指稱，章子怡在二○○七年參加坎城影展期間，為汶川地震所籌集的善款去向不明，章子怡遭遇到了出道十二年來最嚴重的信任危機。章子怡方面立刻作出聲明澄清，但這不僅沒有解除網友的疑慮，反而引來新一輪的質疑。

　　章子怡的聲明被網友認為是缺乏誠意，故意回避。另一方面，章子怡坎城籌款時有不少媒體在場，他們親眼目睹募集到的款項既有現金又有支票，章子怡之後發給媒體的通訊稿也有類似的表述。所以，章子怡顯然是欲蓋彌彰。

　　此事最後無果而終，然而從「潑墨門」到「詐捐門」後，章子怡不再是廣告商的寵兒，各大品牌紛紛回應代言人對品牌造成的傷害，亞曼尼（ARMANI）終止與其續約、媚比琳（MAYBELLINE）全球官方網頁撤下了她的照片。在章子怡公開回應捐款門事件後，網友的聲討和投訴依然充斥在網路社區。

　　在一片「倒章」聲浪中，也有持不同意見者，這種不同的聲音，讓「詐捐門」顯得和以往的公眾事件頗為不同，因為「沉默螺旋」看上去在這件事上失去了效力。在這位微博用戶看來，網友不該抓住細節，想方設法「為難」章子怡。

　　看這位微博上的章子怡力挺者語氣是位老者，他為章子怡叫屈顯得勇氣可嘉。「潑墨門」事件不足一提，捐款多少更是不該被拿來質問。

　　這是微博的動人隱喻。一種基於眾聲喧騰之上的反對意見，足以為時代的精神立法。一種多元化的形象出現，它代表的是廣大民眾聲音的真實性。這成了微博除商業意義之外的最大啟示。

e 維權：「惠普螢幕修不好，我該找誰？」

　　二○一○年對於微博而言是一個爆發性的年份，但對於惠普卻並非如此。

一場本來稀鬆平常的企業與用戶之間的權益紛爭，到最後愈演愈烈。微博成了此前申訴無門的用戶們抒發底層憤怒、維護自身權益的新途徑。

一個明顯的現象是，消費者在這場運動中的反擊不再是簡單粗暴的發洩。微博使一貫處於弱勢的消費者在和問題品牌的抗爭中，很好地「武裝」了自己。

以新浪微博為例，在「三‧一五」期間加倍放大了網路輿論的力量。資料顯示，新浪微博在消費者權益日主題下貢獻了多達60％的討論量。

惠普維權運動中多了草根們理性的身影，言論平臺的建立，讓微博在浩瀚無邊的網際網路如芒出位。

中國國家質檢總局相關負責人二〇一〇年三月十四日表示，已接到某律師代表六十名消費者對惠普筆記型電腦品質問題的投訴，質檢總局高度重視，已組織展開調查。

讓微博用戶們感到無法容忍的是，企業的回應一如既往的冷淡，惠普也不例外。這家跨國公司在進入中國以後，似乎已經被中國商業邏輯同化。在他們看來，搞定市場的監督者比給予消費者一個滿意答覆更具有實際效用。

消費者的反應高漲，他們在微博和其他途徑的維權在網路上聚集了愈來愈多的志同道合者，寄望網路平臺能為自己帶來意外收穫。這種要求似乎並不高——惠普召回所有「螢幕不亮、閃爍、顯示卡溫度過高」的筆記型電腦。

從微博上顯示的資訊來看，惠普電腦的問題由來已久。

「筆電散熱有問題，溫度高到能煎雞蛋了，真擔心哪天會燒掉。當初買的時候看中的是惠普的品牌和價格，覺得這種大品牌不會出現什麼問題，結果卻買了一個有華麗外表的山寨機。」

「我是北京的消費者，電腦才買了兩年大零件就更換了兩個。去年

由於顯卡壞掉換新主機板，今年保固期剛一過螢幕又壞了，就只剩電池沒換而已。這次最悶的是保固剛過一周，說不保固，要自己掏一千多去修。」

惠普身為當事者，其實也有苦難言。根據業內人士分析：「惠普在全球ＰＣ市場為占有率第一品牌，在中國市場拚創意拚不過蘋果，拚外形又拚不過索尼，本土化又拚不過聯想，只好打價格戰。用國際品牌的名號和低廉的價格去吸引客戶。」

問題的爆發就起因於這個市場定位。由於這批被定位在搶市場的產品主打中低端消費族群，因此在供貨管道上發生了令人擔憂的偏差。而現在，到了問題集中出現的時候，惠普自然焦頭爛額。更讓消費者不能理解的是，這家注重聲譽的公司，為什麼在中國市場的表現無法符合其跨國公司的身分。其在國外市場上已成制度的補救措施，在中國卻無影無蹤。

這些疑問被微博用戶們一再強調，終於釀成一場聲勢浩大的維權運動。

網際網路時代的維權增添了新的有力工具，它使維權成本進一步降低，效率反而提高。維權者現在除了利用網際網路本身，還可以透過微博將手機融入運動。維權案件的資料透過文字與圖片，快速傳播，引發更高的關注度。

個人網路平臺確實改變了維權，重塑了這種現代商業社會的集體行為模式。

有網友分析認為，身為社會上的單一消費者，如果只是靠自己搖旗吶喊，即便有人回應，也絲毫不會引起對方集團的重視，因為他們不夠重量級。而微博的出現，讓維權者有了更快、更實用的平臺。這也是網路時代給維權運動帶來的外在變革。

對於微博維權運動，參與本次惠普事件的律師代表如是分析，「其實每年的『三‧一五』已經成為消費者的維權運動日。正規的維權管道

流程複雜、回饋速度慢，而在微博上大家講講經歷，互相分享，一方面說出來消消氣；另一方面也分享給『圍脖』的朋友們，交流經驗，讓消費者變得更聰明。」

而在微博行銷和權威的研究者看來，「很多的維權其實是資訊溝通的問題。我們可以看到很多優秀企業已經在微博上建立了帳號，那麼這些資訊就能夠及時地傳播到商家，給予公開的答覆和處理。」

無論惠普事件最終走向如何，微博推動維權運動的過程，已然成為「現象」。

分享：「房價什麼時候開始跌啊？」

海德格有句令人詫異的話，「人人各奔前程，卻又都在林中。」哲學的好處在於其具有通用性。在網際網路時代，這句話顯得更加貼切——每個人在網際網路中都是獨木，各有所向，且殊途未必同歸。但他們始終處於網際網路這片茂密森林中。於是，分享被用來抵禦孤獨、凝聚力量、解讀秘密並最終化作心之所向。

透過微博分享的資訊數以千計，即便如此，我們獲取資訊並不會占用多少時間。因為數目眾多的分享並非真正指向某一個人，它們是可以並行瀏覽的，就像瀏覽報紙一樣，不必逐字細讀。但另一方面，資訊分享者之間的聯繫卻是不間斷的。就像在真實世界中的分享，他人的動作、表情、呼吸、小聲的嘀咕，都可以在不經意間被捕捉，而這個動作幾乎是不費力的。

分享的內容五花八門，乍一看總令人啞然失笑。

有人說前一晚的夢境離奇，有人說不知道今天該吃什麼，有人抱怨辦公室椅子不舒服，有人在滔滔不絕地講述自己和寵物的故事……這些資訊平淡無奇，甚至瑣碎到令人生厭。然而，當你在一天的時間區間內持續關注過後，就會驚奇地發現，這些資訊組合起來有點像篇短文了；

時間再久一點，這些碎片甚至組合成一個情節不錯的小說。而那位整天描寫晚飯製作過程的推客，其資訊組合而成的竟然是一本很有特點的私房食譜。

這些微不足道的資訊，並非毫無必要，正如日本社會學家伊藤瑞子觀察到的：異地相處的情侶會隨時透過微博彙報自己的動態，因為手機通話是一個時刻連續的過程，而微博則細分在更長的時段內，他們發現這種互相關注的方式比通話更容易產生親密無間的感覺。

如同論者所稱，「微博時代的理念是『不斷分享和記錄生活』，習慣這種分享方式後，一種聚合資訊的價值就會體現出來，並成為一種新的生活方式和生活態度。人們能夠用微博的方式，將個人的見解和觀點發布給自己的聽眾，以最精練的辭彙來表達最高深的觀點，以群組廣播的模式來形成自己的意見圈。每個人的網際網路應用也都因此實現了意義更深的個性化。微博也正因這種創新而成為網際網路劃時代的產品。」

作為最富有草根精神的中國企業家，潘石屹對網際網路上的新鮮事物向來熱衷。微博世界裏的潘石屹製造了若干戲劇化的情節。

二〇〇九年年底，那場著名的的物業糾紛的解決就得益於潘石屹的「微博分享」。

這場風波讓潘石屹的微博粉絲劇增至近三十萬。更令人期待的事情是，潘石屹極有可能成為第一位與關注者在交流方式上與國際大企業家接軌的中國老總。畢竟，不是任何一個中國企業家都能像鄰居一樣和顧客聊天的。

潘石屹的好朋友任志強，則被媒體妖魔化為「和人民唱反調的黑心資本家」。微博將這位老氣橫秋的任志強拉到平民世界中以後，關注者們從這位資本家的資訊中體會到了不一樣的感覺。

任志強有一則微博是這樣的：「媒體、網站都來邀請採訪和做節目。可惜我是企業管理者，不是專寫文章或者靠嘴吃飯的自由職業者，

無法滿足他們的要求，尤其不要直接與我討論這類問題，浪費我的時間。請查微博上已公布的電話，與秘書聯繫。」

潘石屹轉發了這條微博，並且評論說：「任總學會用微博，太強了！」

「兩會」剛剛閉幕，北京就誕生了新地王，這個大背景讓不明就裏的民眾心下愕然。

潘石屹和任志強的微博互動就此拉開。在二者的對話中，草根們試圖去解讀關於中國房地產市場的微妙資訊。在眾說紛紜的房地產評論中，兩位開發商的言論無疑是具有令人觸動的力量。

潘石屹在微博上分享道：「因『兩會』延後到今天的北京大望京一號地，成交金額四十億八千萬人民幣，樓面價二萬七千五百二十九元，競得人：北京遠豪置業（中國遠洋），與之最激烈的競爭者是中國煙草集團。新的地王誕生了。」

接下來的留言讓任志強「顏面全無」：「此前，我勸任志強不要去參加大望京一號地的拍賣，爭不過人家，任總一意孤行，繳了人民幣幾億元的保證金去參加。據說，舉牌舉到每平方米一萬多元就不敢再舉了。真是『花錢買丟人，不是花錢買地』。」

任志強沒有辯解，他只是在微博上說出了一個「失敗」的房地產商的心聲：「華遠拍地再次以失敗告終。自二〇〇一年起，華遠在所有的公開拍賣中都只有失敗。我們無法承受這樣的天價，只好承認自己的無能，於是轉入二三線城市，希望不是憑膽量而是憑品牌取勝。」

略帶無奈的語氣讓潘石屹更為「得意」，他馬上發表留言：「這是任志強有史以來第一次承認自己失敗。在高價地面前，低下了那永遠堅強、高昂的頭。」

正如潘石屹所說，生活上，任志強向來以「大砲」聞名，那張想說就說的大嘴常淪為媒體斷章取義的工具。微博對他而言，是一種全新的更加可控的表達途徑，這讓我們不難理解他在微博上的身影為何極其活

躍。由於語出驚人,他甚至自爆收到了高層要他噤聲的壓力:「領導來電要我閉嘴,少發微博。這也許是好事。但少發不等於不發。謝謝各位的關注,有些話還是要說的。」

在這方面,潘石屹樂於分享的習慣與其有異曲同工之處。潘石屹排斥傳統媒體的採訪,因為自己的話總是被記者進行演繹,採訪現場說得明明白白的意思,到了紙面上卻成了另外一回事。網誌占用的時間又太長,於是微博就成了中意的分享工具。

在新浪微博上,潘石屹的關注者超過了七十萬。這個龐大的數字意味著他的每條資訊都透過微博分享給七十萬的專業讀者。而中國最成功的商業報紙和商業雜誌,實際傳播效果不過爾爾。況且,身為敏感行業的「帶頭大哥」,潘石屹可以直接透過自己的微博,不經過曲解、再加工,就能及時發布自己想要分享和傳達的資訊。

潘石屹和任志強的分享之所以能吸引眾多關注者,原因在於他們的企業家身分。

如果微博的分享功能僅限於此,則不足為道。接下來的這個案例充分演繹了純粹的草根利用微博這個分享管道走向全新的生命旅途。

聲譽:「實屬魯莽,在此向受影響人士致歉」

香港演員杜汶澤發表了一段《肉蒲團》觀後感的錄音,並上載到YouTube影片網站,內容儘是對該電影劇情、製作水準等的斥責,連環爆粗話。該錄音在短短一日內的點擊數已超過三十三萬人次,連日來已吸引超過百萬網友圍觀。

不過,當事人杜汶澤前日卻話風突轉,自認玩笑開得太過火,他透過個人微博向電影公司老闆蕭若元道歉,表示純粹為搞笑並無冒犯之意。他寫道:「最近本人本著娛人娛己之心,錄製了一段『杜X澤聲音演繹3D肉蒲團後感』。一時興奮,沒有細想此舉可能引起部分人士不

安，實屬魯莽，在此向受影響人士致歉。蕭若元先生，倘若引起你的不快，在此向你說對不起。純粹搞笑，並無冒犯之意。這次經驗使我在努力嘗試成為一個更善良的人的道路上，上了寶貴的一課，感恩。」

在發出道歉言論二十五分鐘之後，他又補充更新道：「言論自由，不等於可以隨意冒犯別人，我學習……」

雖然身為一個藝人，道歉原因有多方猜測，但微博無疑是一個快速挽回聲譽的良好工具。企業不小心丟掉了聲譽，可以透過微博重新挽回。

無論你玩不玩微博，這個媒體屬性和社區屬性都極強的網路新應用，正在成為一個媒體的生成器和傳播器，和一個商業公司市場營運中必須考量的不可控因素。

而今年的「三・一五」前後，微博這個媒介平臺，讓微博之上和之下的企業執行長、公關總監都心驚不已。

二〇一一年三月十五日，央視的三・一五晚會報導了關於錦湖輪胎的內容，這給廣大的消費者帶來了困擾和不便。對此錦湖輪胎中國區總裁李漢燮，在三月二十一日晚上九點二十七分透過微博公開申明道歉並宣布召回產品。

官方權威高級主管的微博廣播一經發出，引發了汽車業內的專家、媒體和熱心網友們紛紛響應，他們各抒己見，討論熱烈。

錦湖輪胎官方微博公開申明：「我是錦湖輪胎中國區總裁李漢燮。今年三月十五日央視的三・一五晚會中有關錦湖輪胎的報導，給廣大的消費者帶來了困擾和不便，對此感到萬分抱歉。」

微博不是萬能的，但它在挽回聲譽這方面有天生的優越性。

微博讓企業的用戶處於一個前所未有的主動地位上。微博出現之前，消費者意見和投訴的表達管道單一而脆弱。除了有「請按幾」的層層關卡的客服熱線，就是向有限的公眾媒體投訴。微博出現之後，企業的官方微博和個人是對等的，消費者面對的不是冷冰冰的幾個字，而是

活生生的人。消費者可以成為企業官方微博的粉絲，利用私信的功能表達自己的訴求；也可以用@呼叫企業，或用呼叫知名人士，讓自己在消費過程中遇到的問題得到最大化的關注，並得以解決。

從傳播學的角度來看，一個資訊透過多媒介多角度的傳播後，會呈現碎片化、不可控的特性。對於資訊需求方而言，如何找到自己想要的資訊，如何控制自己的資訊，如何採用相應的行銷模式影響資訊傳播的方向和路徑，不僅是一個新的課題，而且是其行動的方向。

對於這種丟掉太多聲譽的公司而言，微博無疑是一個好媒介。

公益：「希望在你我手中，傳送溫暖善念」

當日本發生大地震時，香港電影導演彭浩翔和臺灣電影金馬獎前主席焦雄屏正分別在東京和大阪參加電影節，香港名模Angelababy也剛剛抵達東京。他們都強烈地感受到了地震，所幸他們所在地的電話網絡沒完全受地震影響，因此他們還能透過微博描述他們親歷地震的感受。

Angelababy剛到東京就遭遇了地震，通信一度失去信號。Angelababy在十一日下午二時左右連續發布微博稱：「剛到東京，遇到超大地震，可怕。大家都在街上，電話也不通。」「電話仍然不通，很多人在電話亭排隊。這次太可怕了，日本人也說沒遇過。」「今天街上好多人，交通癱瘓，所有的電視都在轉播災情，火災、水災，感覺像電影裏的畫面一樣。謝謝各界好友的關心，電話還是不通，不過不用擔心我。很佩服日本的房屋結構，搖得人都站不穩了，還是完好無缺。晚上突然變得好冷，地球真的生氣了嗎？希望所有受影響的人們都平安。」

同在東京的香港電影導演彭浩翔也發表微博描述地震發生時的緊張情況：「地震時，初次感到死亡可以如此近。」之後，他又連續發布微博稱：「樓門都又開又合，彷如鬧鬼」「翻譯小姐太害怕了，呼吸

不了，躺了下來，要疏散了，快上不了網了。」「現在我在的樓還在動。」「火車和機場停了，今晚走不了了。」

正在大阪參加國際電影節的焦雄屏也發布微博說：「正在接受採訪，忽然天搖地動，但記者和翻譯卻沒有反應。停了數秒，她倆說有地震，又搖了好久，外面有人衝進來報告說宮城地震，好多地方已發布海嘯警報。電視畫面全是海水倒灌、汽車漂流，周遭的日本人邊看電視邊發出驚呼。」

網友紛紛表達對中日災區人民的關切和祝福，並且轉發了各種日本震後令人歎服的社會現象。同時眾多名人、明星也行動起來，透過微博表達祈福和感受。

公益事業總是令人感動，讓人感覺到世界的真善美。在過去的年代裏，這種人類自身的互助行為無不讓人記憶生輝。微博對於民間公益事業的幫助，勢必成為網際網路世界的全面升級——公益可以更廣、更快、更真實。

微博應急管理——宜疏不宜堵

中國某大型微博的負責人對媒體說，微博其實是永不停止的新聞發表會。這話聽來誇張，但其對於危機應急管理，卻有著極其巧合的邏輯關聯。

危機的開放處理模式，已經不止一次證明，在自由的社會環境中，網友正在逐步走向成熟，而地方官員的普遍專業性則遠未達標準。

單就此事的迅速解決而言，微博的作用在於：澄清者只需要在自己的立場上瞭解真相，然後透過個人微博帳號，第一時間發布結果，並隨時更新進展。

這似乎證明，在一起危機事件發生的時候，所有關注者都擺脫了旁觀者的身分。你在參與傳播，你在分享觀點，你在糾正錯誤。甚至，你

在呐喊，你在呼號。整個社會正如微博構成的網路，只有民眾充分表達了自己的觀點，才有可能達成一致。

現在，微博搭建了這樣的平臺，並創造了一個改變危機處理機制的機會。

某種意義上，微博是種生活方式，讓這些對話語權力充滿敬畏和苦惱的人們能充分享受全新的社會世界。微博的文化意義正在於此，而在任何一個二元對立的衝突事件中，微博的意義甚至超越了文化和工具的範疇。

另一個感受到威脅的似乎是傳統媒體。在微博的世界中，更多的素人透過傾訴與互助達成了某種默契，傳統媒體作為資訊的傳達者日益邊緣化。但在民意的傳達過程中，傳統媒體應該意識到，自由的微博對他們並非威脅，而是互助。

當公眾事件發生造成了不同群體間的對立之際，傳統媒體和微博很自然地站在統一戰線上。這是時代的進步，也是國家的進步。面對這樣的情境，事件的主導者們應該明白，疏解的效果要比控制更明顯。

這源自於新聞和資訊的觀念轉變。微博時代，大眾會對事件作多方面的審視，我們的生活不再被新聞和資訊掌控，而是由傳播者推動。如果不能理解這個正在強化的現實，政府對危機管理的方式還會繼續一成不變。

就像觀察者的評論：「我們一方面處在所謂的微博時代，另一方面又要爭取進入真正意義上的微博時代。這是以微博的名義暴露出的荒誕景象。」

豐田汽車總裁豐田章男是二〇一〇年年初最忙的國際企業負責人。三月初，他結束了在西方世界的「環遊道歉」之後來到了北京。記者會上，此人為豐田汽車大規模的召回所帶給中國消費者的影響和擔心表示真誠的道歉。

即便如此，更多的矛頭指向了豐田——反應不夠快，態度不夠重

視，溝通不夠流暢，甚至有點遮遮掩掩。

假如豐田先生像他們首相那樣，儘早開通微博帳號，豐田集團的危機公關必然會傳播得更快，也許他就能省下全世界飛來飛去的機票錢。

面對危機，妄圖透過掩蓋真相、大事化小的僥倖心理，絕對會讓一個企業、社會、管理者們得不償失。

一條天生的口碑之路

彩虹糖的廣告播出後，受到了很多年輕人的追捧。然而當決定嘗試用微博與年輕人溝通時，卻發生了意外。由於疏於管理，彩虹糖的微博一度出現了大量的淫穢資訊，這對注重聲譽的企業無疑是不能容忍的。

事實上，微博建構的企業與顧客之間的「天路」更像是一條天生的口碑之路。

「酒香不怕巷子深」的古老原理看起來不合時宜，但卻在暗中影響著現代商業模式。只要產品具備贏得信任的基礎，這條「天路」無疑會幫助企業贏得更多的信任。

一家著名的製藥公司就透過自己的方式，在微博上實現了願望。企業管理者透過在推特上主動搜索「抑鬱」、「難過」等詞尋找潛在的抑鬱症患者，然後聯繫到這些用戶，提供心理診療的資訊。這種主動尋求口碑，並且利用非常生活化的方式，誰能夠拒絕呢？

這就是溝通帶來的口碑效應。專業人士也在微博行銷方面提醒企業，不要一味地用促銷活動和產品資訊來打動客戶，而應該投注更多精力在主動尋求溝通上。

不少人認為，這種溝通將帶來巨大的商機，比如資訊搜索，一些無法在谷歌上獲得的突發情況，微博則提供了可能。

獲得消息的另一個方式是找到那些傳播消息的人。在微博上，顯然需要具有領袖風範的發言者。這些意見領袖和網路達人，在每個行業和

領域內都很活躍，對於公司而言，他們如果找對了人，就找到了讓消息更有效傳播的途徑。

畢竟，這些人的影響力對於已經被他們「霸占」的微博底盤而言，是極其有價值的。公司希望在試圖進入個人領域的時候，可透過這些更容易把握的點，去散播自己的訴求。但他們要面臨的困境是，沒有專門的團隊來找到這些人。正如一位企業負責人所言：「企業和品牌應該和消費者對話，但是企業內沒有相應的團隊坐下來和用戶對話。這是專業部分的缺失。」

對此，有人持相反意見。因為微博是充滿個性的，即便意見領袖具有影響力，也是因為他們能夠展現層次豐富的個性魅力。如果企業嘗試與意見領袖建立聯繫，或許意味著這種個性將被磨滅，那麼其影響力也將不復存在。

大品牌的統一性是企業進入微博的一個屏障。微博之所以具有行銷價值，正是因為多樣化的存在，品牌需要根據微博用戶的文化特徵，結合自身情況進行改良，而不是簡單地找到意見領袖，妄圖「收買」他們。

那些知名企業這麼做當然是因為有自己的瓶頸，其中最大的問題是它們擔心為此付出過多的精力。現在已經有一些公司提供這種微博管理服務，他們會組織專業的微博推手，為企業構築更活躍的溝通管道。這種方式並不值得提倡，因為做企業，最初的動機是盈利，到一定程度以後，從本質上開始做文化。而文化是需要用心經營的。

即便如此，這還是為我們提供了一種有趣的逆向思維：如果不能從硬性、過於刻意的溝通轉變為人性化的溝通，這樣的企業無疑是前途堪憂的。

在我們所處的半市場環境中，這種觀點可能被冠以虛偽和幼稚的帽子。事實上，在一個真正的自由商業和政治共同主導的社會情境結構中，心靈溝通和真誠是最有效的行銷手段。

誕生於一九三六年的聯合日用織品服務公司，一直都是家族企業。

這家公司為美國奧克拉荷馬州、阿肯色州、密蘇里州以及堪薩斯州部分地區的餐廳提供洗滌服務。表面上，沒人會將這樣的公司和新技術聯繫到一起。然而，當一個講述高品質餐巾紙折疊方法的影片系列在網上流傳開來以後，網際網路迅速成為其贏得更多客戶的最佳選擇。

這個影片系列的風靡要歸功於推特。公司成員為了吸引更多人來觀看影片，就在推特上發布資訊，直到影片被廣泛轉載以後，他們又回到了推特，該企業的員工樂於和客戶在微博上溝通。當暴風雪來臨時，他們發出公告，洗好的貨物可能要延遲送達，這比逐一打電話給客戶要快多了。

這家洗滌公司和推特之間的故事，足以說明基於真誠和樂趣的溝通是多麼重要。

而無數的故事告訴人們這樣一個道理：當你懷著一個明確的目的，比如行銷，加入到微博用戶行列中，便會發現溝通改變了初衷。溝通往往蘊涵著更有價值的東西。

現代科技讓溝通變得如此簡單，但不同的溝通工具無疑會帶來不同的價值回報。微博和電話溝通得到回報的區別在於，微博能在占用最少資源的情況下，得到很多人的關注。並且，微博的溝通是一種公開的情境，這對於希望吸引注意的企業而言，確實不容忽視。

也有人擔心，這種溝通會帶來麻煩——引來不希望的跟蹤者，從而洩露一些秘密。微博的極致卻是，它適用於所有想讓人公開看到的企業。不喜歡分享的商業習慣有點類似於中國舊社會「傳男不傳女」的陳規，而在當下商業社會，分享顯然能帶來更多的好消息。

美國一家大型醫院就樂於在微博上直播那些普通人認為很神秘的手術過程。當然，這種事情發生的前提是公眾具有更加寬容的公民精神。

溝通對於企業來說，不是一個人的事。

下篇

玩轉微博一本通

微博新手入門必修
一對一教你玩微博
如何輕鬆擄獲數千萬粉絲
一夜成名不是夢

　　微博給每個用戶的機會都是均等的，只要真心投入，每個人都可以成為人氣博主。對微博新手來說，無論是創建高品質內容，還是吸引粉絲的技巧，都可以透過學習、實踐來不斷提高。

第一章

新手入門──從草根到明星的技巧

　　很多人剛開始用微博時，都會有或多或少的困惑。例如：看別人在微博上說得熱鬧，可是不知道自己該說些什麼好；寫了很多，就是無法吸引別人的關注；上微博好長時間了，粉絲數量還是個位數……

　　正如前面所說，微博是個全新的社交媒體。

　　一方面，微博簡便易用，隨時隨地都可以使用；但另一方面，用微博時需要轉換一下思考方式，別總是抱著發文章、發網誌的舊習慣不放。

　　坦白說，微博就是個以我為主，自由創建有特色內容，盡力吸引粉絲關注並廣交朋友的一個大舞臺。

　　微博上那些最有人氣，發布微博品質最高的人，通常具有下面幾個特點：

　　有個性，有表現欲，會表達和展示自我；

　　有社交魅力，有辦法吸引大家的注意；

　　有趣，不枯燥，不無聊，不人云亦云；

　　可提供最有價值甚至獨家的資訊；

　　每天都更新微博，但又不是嘮叨的「長舌公／婦」；

經常和粉絲或其他網友互動；

微博的內容類型比較多樣，內容比例也比較均衡；

在乎並理解粉絲想看什麼內容，而不是一味地寫自己想讓大家看的；

懂得如何巧妙推廣自己的微博，但又不自我吹噓和賣弄。

玩微博的 N 個理由

避免孤獨

人無法永遠生活在自己的小世界裏，我們渴望與人交往，但現實生活中可能得不到滿足，而在微博上這一點卻不難做到。我們用微博交友幾乎沒有代價，只要註冊帳號，然後關注自己喜歡的人即可，不需要對方同意，只要是自己喜歡的話題隨時都可以參與。

尋找志同道合者

在微博上，透過關注相同話題，每個人都可以結交一批新朋友，有時和陌生人談談人生的選擇，可能會比與身邊的人談要更無所顧忌，更能讓自己受到啟發。

玩就是消遣

沒有必要非給玩微博加一個意義，其實消遣就是玩微博的一大要點。我們每天都有很多零碎的時間要打發，譬如等車、排隊、坐捷運、等菜上桌……在這些零碎的時光中，你掏出一本書來閱讀顯然是不合適的，因為思緒還沒接上之前的部分，可能車就來了、菜已上了……玩微博的好處就是隨時隨地可以上去看看，有想法就自己原創一則微博，沒靈感就看看別人發的消遣一下，沒有心理負擔，純粹打發時光。一言以蔽之，利用瑣碎時間玩微博，比乾等要快樂得多。

快追新聞

坦白地說，報紙、電視的新聞都有一定的滯後性，等你在電視上看到一條新聞時，這件事可能已經發生許久了。而新聞媒體的官方微博的即時性比很多新聞網站還快速。微博的熱門話題榜羅列的是最近幾個小時大家關注度最高的新聞事件，這種比人工置頂的新聞網站要真實直接。

微博行銷

有人會說，我工作很忙沒太多時間消遣，也沒那麼多閒情逸致，微博對我沒什麼用。事實上，微博也可以幫助你獲得更多的工作與生意機會，對擴大品牌知名度也大有好處。很多知名公司都相繼開設了官方微博，並對博友的問題進行解答，甚至連新品發表會都在微博上舉辦，利用微博進行傳播是未來商業的趨勢之一。

微博追星

一般人都會有幾個自己很喜歡的明星，可是平時幾乎只能在雜誌報紙上讀到他們的事情與行蹤，他們最近演了什麼新戲，有什麼新歌，正在哪個城市，這些我們都是事後才知道，但透過微博我們可以即時瞭解到所喜歡的明星動態，說不定還有機會和他們見一面。

玩微博請注意：

不人身攻擊。很多人認為網路是虛擬的世界，可以隨興為所欲為，尤其是註冊ID不是真實姓名的情況下，對方找不到自己就可以隨便侮辱對方。你可以罵人，人家也可以罵你，在對罵的過程中大家都不開心，這何必呢？一個不留神引起網友公憤，被「人肉」搜索出來了，那你的煩惱可就要延伸到現實生活中了。

對付無聊的人我們可以用「黑名單」。每一個微博都提供「黑名單」功能，你可以將討厭的人拉到裏面，這樣他的言論就不會再來汙染

你的眼睛。

　　儘量不刷屏或灌水。剛玩微博時你可能不懂規矩，連隨便回覆別人的話語都要重新發一則微博。這樣就造成一個問題：關注你的人可能發現整個螢幕都是你的微博，且內容大多重複或者無趣，這種做法就叫做「刷屏」。這種行為將給你的粉絲帶來嚴重的閱讀障礙。

　　不要關注太多的人。如果你一下子關注成千上萬人，你將徹底眼花撩亂，而後發現自己無法從海量的文字中獲取有用資訊。根據經驗，關注一千人左右已經是個人極限了。

　　開放回覆功能。如果不開放回覆功能，就沒人可以跟你共鳴，微博就是一台獨角戲，為了滿足自戀，失去了交流，那還有什麼意思？

　　不適合闡述嚴肅的事情。微博都有字數限制，而且讀者也不想看到長篇大論，在隻言片語的語言碎片中，很容易讓其他人產生誤解。

　　不要沒事兒@人。被@太多次也是一件很令人煩心的事情，在微博被不停轉發的過程中，被@的人會被無數次提醒「有新的微博提到你」，這也是一種騷擾。

　　別轉發「過期」消息。很多人玩微博，看到有意思的話題就轉發，但轉發前請考慮一下內容的時效性，轉發過時的消息沒有意義，還會給粉絲造成誤會。

機遇不青睞無準備之人——先看後說，先學後寫

　　對微博新手來說，剛開設微博帳號後，不要急著發微博。磨刀不誤砍柴工，只有做好充分準備，你的微博之路才能更順暢。

　　首先，你要想好自己微博的定位。

　　為誰寫微博？

　　是為親友寫，為自己寫，還是為某個特定人群（如旅遊愛好者、投資界朋友、科技界朋友）寫？

　　寫微博主要為了什麼？是為了記錄自己的生活，為了社交交友，為了學習知識、技術，為了分享思想、經驗，為了影響別人，為了展示自己，還是為了休閒、娛樂？

　　回答了這些問題，你就會知道自己該寫什麼樣的微博。比如說，如果是寫給旅遊愛好者的，你就多發布一些以前旅遊的有趣照片，或者有用的旅遊資訊等；如果你只是為親友寫，就可以隨意些；如果想吸引粉絲、廣交朋友、影響別人，你就一定要學習寫作和吸引粉絲的技巧。

　　網際網路投資人蔡文勝在新浪微博上有上百萬的粉絲數量，是IT業界最著名的微博主之一。蔡文勝說：「我開始寫微博是因為興趣，後來就定義為個人的資訊發布平臺和個人形象展示。我受粉絲歡迎的內容是關於創業、投資和自己的人生經驗分享。」

　　正是因為蔡文勝對自己微博的定位有清晰的認識，將微博當作個人資訊發布平臺和個人形象展示的場所，所以他在寫微博和宣傳自己時，才能有的放矢地在自己最熟悉的投資、創業等領域，分享對網友最有價值的資訊。下面蔡文勝的兩則微博引起了粉絲的很大關注，轉發和評論數量非常多：

　　「今天見一創業者，我問他：你認為做企業未來的風險是什麼？他回答：『風險可能有很多，方向性錯誤、現金流不足、人才流失、同業惡意競爭，但這些都可以努力去避免和克服。最擔心的是政策風險，因為這是無法預料的。』仔細一想他的話有點道理，在中國做網際網路，政策風險應該算是無法抗力的風險之一。」

　　「一個人最得意的事情和最痛苦的事情，只能埋藏於心底，無法與外人道。因為最得意的成功往往是犧牲了別人的利益而獲得，是心靈黑暗的部分；而最痛苦的事情往往是要忍受不平對待和委屈，也是心靈最脆弱的部分，除了自己解脫別無他法……」

　　前一條是分享創業投資經驗，後一條是自己的人生感悟。因為有明確的定位，蔡文勝的微博才顯得個性鮮明，有資訊和思想價值，最終受到粉絲追捧。

　　做準備工作時，你最好花足時間分析那些人氣最旺的微博主，看他們的微博為什麼吸引人。特別要去分析那些和自己定位相近的微博，學習別人的成功經驗。初寫微博，多學習、多模仿總不會錯。

　　例如，如果想寫美食推薦類的微博分享給朋友，那不妨先看看那些最有人氣的美食類微博主是如何寫微博的。專業廚師、《名廚》雜誌編輯「擺渡大廚」在微博上有幾十萬粉絲，他寫的微博色香味俱全，很是惹人垂涎。

　　「番茄蛋包飯：油熱後倒入蛋汁做成餅狀，因蛋老後不易捲成形，勿長時間加熱；炒好的飯放在蛋餅中央，一手翻鍋，一手用鏟子順勢折疊蛋餅，將米飯裹在蛋餅裏；佐以橄欖油、番茄醬。沒有廚房經驗，很可能導致『蛋洞百出』、『蛋飯分離』，甚至惱火地變為原始的『蛋炒飯』，不管怎樣，那都是好吃的。」

　　「紅通通的外表下有著極為豐富的內涵——鴨血、鱔段、肥腸、毛肚、黃喉（動物的大動脈）、火腿、金針菇、豆芽等材料共冶一爐，這發源於重慶瓷器口古鎮的名吃果然名不虛傳。尤愛吃毛血旺的感覺，先不說它抒懷暢意的味道，吃到最後，你看幾雙筷子在紅湯裏探索似的表演，真是得者意猶未盡，未得者意興闌珊。」

　　以上一則微博介紹番茄蛋包飯，另一則介紹毛血旺。雖說都是尋常可見的菜色，但在「擺渡大廚」的微博裏，從做法、原料到廚師和食客的真情實感，都是娓娓道來，讓人食指大動，真是美食微博中的精品。

　　我們要多學習寫微博的技巧和成功模式，不要太急於發布。比如，經過觀察不難發現，在微博上時常寫些幽默的內容，尤其是發生在自己

身邊的好玩故事、笑話、冷笑話，對提升人氣有很大幫助。

當然，記錄身邊的事，不等於記流水賬。如果天天都在微博上說「我吃過飯了」、「洗洗睡了」、「上飛機了」之類的事情，也許可以讓朋友瞭解你的動態，但這對吸引更多粉絲沒什麼幫助。普通網友對這樣的流水賬很快就會失去興趣。

另外，不但要學會用網頁版微博的各種功能，還要學會熟練使用手機版微博。隨時隨地都能上微博、發微博，能夠用手機即時捕捉生活瞬間，或者身邊發生的即時新聞事件，你的微博才真正具有即時性，才有別人無法替代的有價值內容。

總之，機會不會青睞無準備之人。作好準備，才能寫好微博，用好微博。

微博不是一個資訊孤島——寫什麼？怎麼寫？

言歸正傳，如何寫好微博呢？很多人都有過這樣的經歷，打開電腦腦袋空空的，不知道如何下筆，甚至總覺得自己寫出來的東西就像流水賬一樣根本激不起別人閱讀的興趣！

開微博，首先要建設個人首頁

每個微博主在微博上都有自己的個人首頁，在首頁上我們可以添加微博主的自我介紹，供訪問微博主首頁的網友認識、瞭解微博主。不同微博服務商提供的自我介紹信息不完全相同，但通常都包括頭像、暱稱、簡短的自我介紹、標籤等幾個部分。

選頭像時，我們要選一張比較有個性的照片，照片形狀最好是正方形。照片中，自己的臉部要足夠大，這樣，即便被縮成小圖，大家也可以認出來是你。

當然，頭像也不一定就非要是自己。如果微博主是那種又時尚又可

愛又新潮的人，就選個好玩的卡通形象，可以吸引不少人呢。看看新浪微博上人氣最旺的姚晨用的頭像，可愛吧？

名字或暱稱一定要想好。直接用真名當然不錯，但還有許多其他的起名方法：

在名字前面加上修飾語，讓人快速瞭解你，比如「喜歡高爾夫的某某某」，這樣有同樣愛好的人會透過搜索很快找到你。

直接用可愛的網名或暱稱，比如「七號同學Luck」。也可把網名或暱稱和真名合併起來，比如「鬼鬼吳映潔」。還可用你微博的主要內容做名字，比如「生活小智慧」。

用簡短的話寫好自我介紹並不容易。但這一句自我介紹是別的網友瞭解你時，最先讀到的有關你的資訊內容，寫得好可以在第一時間吸引別人的注意，這就像好的氣質和外表是一見鍾情的必要條件一樣。所以，自我介紹一定要簡潔、明確，突出最主要的資訊，清楚地告訴來訪者，你是誰，有什麼特徵。如果自我介紹能幽默一些，或者有詩意一些，那就再完美不過了。必要時，自我介紹裏還可以提供網址聯結。

來看幾個微博上自我介紹的例子：

蔡文勝：七〇後高中輟學混多種行業。二〇〇〇年入網際網路創業，投資網域名稱創辦二六五網站。現為天使投資人；四三九九，暴風影音，五八同城，美圖秀秀……

深雪zita：我是香港作家，深雪。著有《第八號當鋪》、《死神首曲》、《人生拍賣會》等作品。我的網頁：http://www.zitacatloft.com

鬼鬼吳映潔：每個人都曾經過學走路的時候，總是需要一些時間學會走路……

劉雯：本身是一個微不足道的人，一不小心陷入了時尚的大舞臺。自己還是微不足道的自己，承載了大家的很多關心。

標籤是你為自己以及自己的微博內容選的最合適的關鍵字。在微博世界中，無論是找人還是搜索內容，標籤都可以幫助網友更快地找到你，可以幫助有相同愛好、相似話題的朋友更快地認識。

寫什麼內容？

很多微博新手起初不知道該寫些什麼。那麼，不妨先瞭解一下，大家平常都在微博上寫些什麼。

如果試著給常見的微博內容做個簡單的分類，就會發現大家經常在微博上發布的內容類型包括：

記錄自己每天做了什麼，到過哪裡；

記錄自己每天想了什麼，心情怎麼樣；

寫身邊發生的有趣事、新鮮事；

和朋友聊天、互動；

參與某個熱門話題的討論；

轉發並評論別人的有趣微博，或網上看到的有趣圖文；

發布消息，直播突發事件；

傳播思想，教育和影響他人；

發表文章或其他作品；

推銷品牌或產品……

接近70％的網友經常寫自己每天想了什麼，心情怎麼樣，超過60％的網友經常轉發或評論別人的有趣微博圖文，超過45％的網友經常寫自己身邊發生的有趣事、新鮮事。

一百四十個字的空間雖小，容量可不小。從個人到社會，從新聞到心情，天南地北海闊天空無所不包。從這個意義上說，微博作為一種媒體，其內容的立體和多樣程度，是其吸引人的根本原因之一。所以對於微博主來說，可寫的內容就有很多了。

微博不是一個資訊孤島，而是和整個網際網路連接的。所以，你可

以盡情去其他網站找好的內容，可以到新聞網站、笑話網站、影片網站、圖片搜索等地方尋找合適的、可以轉發或改編的內容，寫在你自己的微博裏。

前面提到過，關於自己的內容，可以簡單地分成我在做什麼和我在想什麼兩類。當然，像上面所列的，獨家的新聞消息、影評、書評、遊戲評論、餐廳美食評論、節日活動、家庭趣事、溫馨故事、時事和產業分析、經驗分享之類，大家只要想寫，就都可以寫。簡單地說，只要是有利於展示自己的內容，或者和網友交流的內容，而且是自己想寫的，就都可以寫在微博裏。

顯然，微博上可以發的內容很多，可以寫的好玩的、有趣的、吸引人的東西也很多。

新浪微博上發起過一個有趣的投票，想知道大家都會利用微博做些什麼好玩的事情。

結果很多人會用微博來講糗事，講冷笑話，甚至搞惡作劇，在選「其他」的網友裏，大家還寫下了更多好玩的事，比如「看別人生活點滴，覺得世界有趣又充實」、「我還用來發發牢騷，蠻好用的」、「每天處於圍觀狀態，只看不寫」、「說自己不敢對別人說的話」，等等。這充分說明，微博是一個個性化的、充滿娛樂氛圍的平臺。在這裏，沒有什麼不能寫，關鍵還是要表現出你自己！

大眾喜歡你寫什麼？

要吸引更多粉絲和增加影響力，你就必須知道大家喜歡在微博上看些什麼。然後，在寫微博時，才可以有的放矢，並在內容選擇上適當增加一些傾向性。當然，瞭解大家的喜好、增加一些傾向性並不代表著放棄自己的個性和自己喜歡的內容。寫微博，首先是要展示自己。在展示自己的同時，如果能根據大家的喜好，適當選擇內容，當然就更有利於在微博上傳播自己的聲音了。所以，這兩個方面是相輔相成的，而不是

相互對立的。

也就是說，寫微博前，不妨先多花一些時間，仔細讀讀微博人氣榜上，那些最熱門微博主的最熱門的微博（就是評論和轉發數量最多的微博），用自己的智慧分析一下，大家為什麼喜歡讀這些微博，這些受歡迎的微博在內容上有什麼共同特徵，在寫作手法上有沒有值得借鑒的地方，等等。

以李開復在微博上發起的投票為例。在針對大家喜歡看什麼微博的投票中，共有五千一百二十四人參加。

從投票結果來看，最受歡迎的內容包括：名人思想言論、時事評論、朋友境況和心情、新聞、休閒娛樂內容、明星動態和八卦、學習知識、格言和富有哲理的話等。

在寫微博時，要平衡「你想要大家看的」和「大家想看的」這兩者的關係，既不要把微博變成純粹的個人流水賬，全寫些別人不感興趣的內容，也不要純粹依照大家的喜好來寫，完全丟掉了自己的個性特點。一個有效的做法是，在符合自己個性特點的前提下，多發些大家想讀的內容，同時，裏面穿插一些你想讓他們讀的內容。

隨時留意，隨時累積

怎樣才能保證微博有東西可寫，或者內容豐富呢？

很簡單，你要隨時留意，隨時累積。

更多時候並不是我們的生活太單調，而是我們缺少發現的眼睛，當一件很有趣或者很值得寫微博的事情發生時，我們往往視而不見，而後卻在一邊埋怨自己的生活太單調。這不是太冤枉生活了嗎，如果生活會說話，八成會吵著要討個公道吧。

當然除了細心觀察，還有一點很重要，那就是善於積累。人比別的生物高級無非是多了顆聰明的大腦。我們每天都會上演著形形色色的故事，當然需要麻煩大腦去記憶和累積了。既然有大腦這個好幫手，那麼

我們為什麼不去用呢。

在如何留意、累積這方面，可以參考下面的經驗：

平時多留意合適的題目、合適的內容，形成習慣後，腦子裏的累積就會愈來愈多，等到要下筆寫微博時便很容易了。

看到新穎的國外科技新聞，可以「獨家」首發。相信每個人都會有一些自己最熟悉的領域，可以發出獨家新聞。

在網上「衝浪」時，看到有趣的網站、網頁、圖片、內容，先用書籤功能收藏起來，等找到合適的時候再發。

看書的時候，如果有富有智慧或引發深思的內容，在書上折角記下來，留待以後發些啟示類的微博供粉絲分享。

睡前關電腦時想想，今天有沒有什麼值得分享的事情，例如跟誰聊了什麼，看見了什麼，聽見了什麼，等等。

如果有好的微博靈感，但又沒有形成最後的文字，或者時機不合適，那就先記錄下來。

在電腦裏，做一個Word文字檔，把所有未來可能會在微博中用到的原始材料放到裏面，這樣，不但有利於累積、提煉後發高品質的微博，也可以配合最佳的發微博時間，以吸引更多粉絲。

在讀書、看電影、聽演講甚至玩遊戲的時候，把自己想到的事情先記下來，然後等有空閒的時候，將它們整理成一條條的微博。

當然，累積並不意味著不注重時效性。隨時留意、隨時累積是為了在最恰當的時間，更快地發出最合適的內容。

一百四十個字的技巧——煽情幽默、圖文並茂

每條微博只有一百四十個字。用英文寫作時，只夠寫一個半句，很難表達細膩、複雜的含義。但用中文來寫微博，如一百四十個字用得好時，就是一個相當自由的小天地了。

一百四十個字的微博雖短，但賦予我們的表達空間卻相當大。寫好微博，必須先學會用好這一百四十個字。一般說來，微博內容可以分為開頭、中間、結尾三部分。開頭要一下子吸引人的目光，中間要清晰、有條理，結尾要突出重點，並且可以在結尾提出互動性問題或誘導轉發、評論。

具體說來，寫好微博主要包括以下技巧：

一、微博開頭的第一句話非常重要，要足夠吸引人，在需要的場合，甚至可以有點兒勁爆、來點兒煽情。

正如每篇新聞都要有凝練、醒目、吸引人注意的導言一樣，微博開頭的第一句話就是微博的導言。有一天我發了一則微博，裏面有三個部分的內容，而我真正想傳達的是第二點和第三點，但是我發現，很多留言者只看了第一點。這個速食主義的社會真可怕，連閱讀都是速食式的，它讓人讀完一百四十個字的耐心都沒有。也就是說，寫好微博的第一句，不僅僅是為了吸引目光，也是為了讓那些沒有耐心的人有興趣讀下去。

下面這條微博，第一句就開門見山，拋出問題：「有些網友開始懷疑我的帳號被盜，否則怎麼不像個『導師』。」這既清楚地解釋了這條微博要說的主要內容，又用「懷疑被盜」這樣的字眼吸引了讀者的目光，可謂一舉兩得。

二、微博的最後一句話也很重要，可以用一些醒目的字眼再次點題，也可以寫一句互動性的話，拋出問題讓大家思考，或者誘導大家轉發、評論。

三、微博的一百四十個字，不但可以有純粹的文字內容，在需要時，也可以加上網址聯結，聯結到其他網站、其他微博等外部資源。微博是網際網路的一部分，並不是一個資訊孤島，資訊之間的相互聯結有助於網友快速找到原始資訊或相關資訊位置，幫助讀者擴大閱讀範圍。

四、在一百四十個字的中文微博裏，使用標點符號時一定要注意，

千萬不要使用英文半形的標點符號。因為英文半形標點占的空間很小，這讓兩邊的漢字好像緊緊貼在一起似的。本來一百四十個字的顯示空間就不大，現在所有字都擠成一團，既不美觀，也影響閱讀。反之，如果嚴格使用中文全形標點符號，那微博顯示出來，就非常清晰、易讀。

五、不要每次都強求把一百四十個漢字用完。最好是一則微博表達一個完整的資訊，或一則微博講一個故事。不要把無關的內容都塞進來。

六、發第一個微博時，如果需要，可以用完一百四十個字。但如果是轉發自己或別人的微博，那轉發時增加的評論內容不要太長，否則，當這個轉發被其他人連環轉發時，會因為所有新增內容是共用一百四十個字空間的，而讓別人可以增添新內容的空間變少。

七、發出微博之前，一定要把這不到一百四十個字的內容再檢查一遍，謹防有錯別字、表達不清或疏漏。

八、如果微博的內容是需要大家幫助的，比如慈善類的訊息，最好是附上「請幫忙轉發」，或者「請幫忙」等字樣提醒大家注意。

九、微博的一百四十個字是無法更改的。如果在發出之後才發現有錯誤的內容，那就儘快刪除那條微博，再重寫一條新的。發出之後，要記得留意一下粉絲們的評論，看有沒有錯誤或者引起人反感的地方，如果有，可以刪除重發，也可以徹底刪除。

當然，除了文字精彩吸引人外，還需要圖片的錦上添花。想想看，如果網誌文字本就吸引人，再配上精美的圖片，那會是怎樣一番的景象呢？

中國入口類的微博服務，如新浪微博和騰訊微博，與海外的推特相比，有一個很大的區別就是圖文並茂。

我們在微博頁面上看到的，不僅僅有微博主發的一百四十個字以內的文字，還可以直接看到微博分享的照片、影片或轉發的原始微博。這時，如果你只發文字微博，在粉絲們看到的頁面裏，你的微博就很容易

淹沒在其他圖文並茂的微博中。

圖文並茂的微博可以分為兩類：一類以文字為主，配圖為輔；另一類以圖片（包括影片）為主，文字為輔。

在以文字為主的微博，一張好的配圖往往比千言萬語更有說服力。所以，只要時間允許，你就一定要為自己的文字配上好的圖片（當然也包括好的影片）。在電腦上發微博時，你可以很方便地搜索到好的圖片，或使用自己電腦中收藏的圖片。在手機上發微博時，如果搜圖片太麻煩，可以考慮用手機來拍照片。如果有用手機隨時拍有趣事物的習慣，那即便是手機發微博，也不愁沒有圖片配了。

配圖片時，沒必要傳太大的圖片。圖片顯示在粉絲們面前時，總會被縮小顯示。手機發布的圖片通常也會被壓縮後上傳。所以，傳100KB以內的圖片，一般只要足夠清晰就可以了。

發以圖片為主的微博，其目的是要用圖片本身來講故事或表達意思。這個時候，相配的文字就一定要簡短有力，字數愈少愈好，或點題，或煽情，只要達到吸引讀者放大圖片仔細觀看的目的就足夠了。如果文字太多，就會讓讀者失去耐心，讓人連圖片也不願展開來看。

在寫微博時，也要學會在適當時候，用一點幽默的小技巧，讓自己的微博引起更多人的興趣。

微博裏的幽默有很多類型：轉發的幽默圖文，自我調侃、自嘲式的幽默，自己或朋友的糗事，對嚴肅內容的幽默解析、點評，自創的笑話，生活中發現的冷笑話等等，不一而足。

當然，轉發或改寫的笑話終歸是別人的創作。如果你能從自己的生活中，發掘那些最有趣的人和事，把他們寫成幽默的短篇，或者，根據你自己的生活經驗改編已有的笑話，那多半能收到更好的效果。

想想看任何一個團體都會有幾個風趣幽默的人，他們擅長耍寶，擅長幽默，你和他們在一起總覺得過得很有趣。在當下這個速食文化裡誰願意與一個毫無生趣的人交談呢？

　　因此，我們的微博也是如此。只要看一下微博人氣榜，就不難發現，大家對幽默內容的關注度有多高。高居素人人氣榜前列的微博裏面，像「冷笑話精選」、「微博搞笑排行榜」、「我們愛講冷笑話」、「段子」之類的微博主，其粉絲數量都以數十萬、數百萬計。

從菜鳥到達人——關注、搜索、推薦、轉發

　　寫好微博的內容，在微博中展示出自己的個性和特點，是吸引粉絲的前提條件。

　　但只有內容還不夠，為了吸引更多的粉絲，我們還需要多學些有效的經驗和方法。

尋找最合適的人來關注

　　新手剛開始寫微博時，粉絲數量都是從零開始的。絕大多數新手都非常想知道，該如何將粉絲數量由零變成一百。只要你按照下面的幾個方法去做，得到第一批粉絲，並不是很困難。

　　首先，身為一個「零粉絲」用戶，你必須主動去關注別人，別人才有可能反過來關注你。那麼，如何尋找最合適的人來關注呢？我的建議是：找與你最相似的人。因為只有愛好相似、特點相近的人，才會有相同的話題，才會互相關注。

　　微博提供的標籤和搜索功能，是尋找粉絲的重要方法。微博提供的用戶搜索一般都可以直接搜索名字、暱稱、話題、標籤等。例如，你是一個標準的「宅男」，想找一找微博上類似的「宅」人有哪些，便可以直接在微博搜索中，限定搜索「標籤」，然後搜索「宅」字，而後就可以看到同樣為自己打了「宅」字標籤的微博主的列表。

　　當然，你也可以透過微博搜索，直接搜索你感興趣的話題，比如搜索「美劇」，你就可以看到有哪些人正在微博中討論美劇。然後，你可

以從搜索結果中，進入每個微博主的主頁，看看他們的暱稱、頭像、簡介和微博，在其中找出你最感興趣的微博主，開始關注他們。如果被關注的人透過微博提醒發現你開始關注他，那麼，他們也會反過來閱讀你的自我介紹、標籤和微博內容，他很有可能因為興趣相似而成為你的粉絲。

除了搜索和標籤功能以外，你也可以利用微博上的人氣榜，找出你喜歡的明星、名人，然後看一看有誰像你一樣在關注同一個明星或名人。透過檢視關注，你也可以找到性格相投的朋友。

其次，你要有意去尋找那些最活躍、最願意關注別人並與別人交流的微博主。你關注了這樣的微博主，讓他們反過來關注你的可能性才比較大。那麼，怎麼才能找到一批活躍的、願意關注別人的微博主呢？

有一個方法是在熱門微博、熱門評論中，找那些經常主動評論、主動轉發的人，這些人在微博上最活躍。當你關注他們時，他們也很願意反過來關注你。

另一個方法是，看一下對方的粉絲數量與對方關注數量之間的關係。假設某個人的粉絲數量是五十，但他關注的人的數量是五百，那說明這個人是個瘋狂尋求關注別人的人。無論他是出於什麼目的，他都可能比較容易地成為你的第一批粉絲，有助於你後續擴大粉絲基數。除了這些「狂粉」之外，那些關注他的五十人很可能也是像你一樣剛開始找方向。你不妨去關注這五十人，尤其是興趣和你一致的。

當然，利用上面這兩種方法找到的粉絲，並不一定是真心喜歡你微博的人，你也不一定真的喜歡他們的微博。在吸引粉絲的最初階段，透過這樣的方法交換關注得到的粉絲，對你是有一定價值的，至少它可以讓你的粉絲數量看上去比較舒服，不會讓人有無人喝彩的感覺，這有利於吸引更多粉絲。但是，當你的粉絲數量增加到一定程度時，如果你還是不喜歡他們的微博，就不妨取消對他們的關注。

第三，一旦關注一批人後，你要在微博上多評論他們的發言，別人

才有可能注意到你。禮尚往來，微博上也有這個道理。如果你經常評論一個人的微博，經常誇獎他的語言風趣、內容有價值，那他一定會反過來注意到你，並可能進一步關注你，成為你的粉絲。留言時，不妨多慷慨讚美他們的觀點。如果一段時間後，他們還沒有關注你，你可以直接留言請他們關注。

第四，在其他網站，比如你的個人網站、個人網誌等地方，給出你的微博主頁聯結，甚至還可以在你的電子郵件簽名中、你的個人名片中寫上微博地址。這樣，當網友從別的地方認識你時，就會很自然地順著聯結，找到你的微博。

第五，在增加粉絲的初期階段，每天保持發幾條吸引人的微博。這樣，每天新來的網友，就不會因為新鮮出色的內容太少，而喪失關注你微博的興趣。要理解，大部分人在關注一個人之前，會先看看他現在的首頁，也就是最新發的十個左右的微博。所以，你要儘量保持在任何時候，你的十個最新微博都是有足夠吸引力的。反響好的微博可以透過隔幾天再用轉發並加新評論的方式重複發一次，因為在初期來看，你微博的人很不固定，新來的人有可能錯過以前的精彩內容。

第六，使用微博初期儘量看看微博上與你相似的人、你正關注的人都在討論什麼話題，儘量寫些類似的話題微博。這樣，他們來到你的微博主頁後，就很容易產生共鳴，進而成為你的粉絲。

只要有好的內容，又有一定數量的第一批粉絲，那麼，你的微博就有可能被粉絲們轉發和評論，並進而吸引更多粉絲關注。一旦形成滾雪球的效應，你的粉絲就會自然而然地穩步增長了。

請人轉發和推介

當你的內容夠好之後，當你已經吸引到第一批粉絲之後，你就可以想辦法大規模增加你的粉絲了。這時，你要找的就不僅僅是能夠湊數量的粉絲，而是真正喜歡你的微博、喜歡個性特點的高相關度粉絲。要把

粉絲數量從一百提升到一千，僅僅靠交換關注是不合適的。這時，最有效的方法是，耐心地請那些粉絲眾多的微博主，幫你轉發並推介你的微博。

　　當然，首先要找到哪些微博主可能並且適合幫你做轉發和推介。通常，你的好朋友、與你有共同話題、個性相似的人、在微博上與你互動良好的人，或者非常熱情願意幫人做轉發和推介的人，都可以成為尋找的對象。還有，與尋找你關注的對象類似，找人氣高的微博主，既可以透過微博的人氣榜來找，也可以透過話題或標籤搜索來找。

　　找到人氣高的、可能幫你推介的微博主後，你要先準備一條或幾條你認為寫得很好、足以吸引人目光的微博。然後，可以透過留言或私信的方式直接告訴人氣高的微博主，你希望他們幫忙轉發和推薦。當然，留言和私信中，不要只是懇求別人推介，而要給別人一個理由。比如「能幫忙轉發我的微博嗎？我想，我關於iPad未來的分析對你的粉絲可能很有幫助」、「請幫忙轉發，我熱愛攝影，想透過照片與更多攝影愛好者成為朋友」等。如果你不直接留言、發私信，那也可以在自己的微博或評論中，用「@」提及他們的名字，引起他們的注意。

　　人氣高的微博主在幫你轉發時，如果能給你做個吸引人的介紹，那就再好不過了。例如，向若琿是創新工廠的一個實習生，李開復在微博上看到他寫了一篇不錯的關於創新工廠工作氛圍的微博。

　　向若琿：我喜歡創新工廠，喜歡這裏的人和事，喜歡這裏的自由氣氛，這裏有彼此交心的朋友，也有令人激動的項目，有我尊敬崇拜的前輩，也有和我一起成長的新人。我想說，在個人職業生涯的初期能加入到這樣的公司，這樣的一群人中，應該心存感激並好好珍惜。

　　於是李開復就幫他轉發，還加上了自己對他的介紹：

　　李開復：若琿是創新工廠很有傳奇性的一個實習生。他追隨自己的心，自學了設計，兩年內拿到設計大獎。他說服了老師，讓他不上課只

考試拿學位，能夠延長實習期，既不放棄工廠，也不放棄學位。他聰明地把自己的才華成功地拓展到追女朋友上。在今天充滿迷茫的大學裏，他是一個值得關注的文武雙全的奇才。

這條介紹一下子吸引了很多人的目光，這給向若輝增加了數以千計的粉絲。如果只轉發不評論，或只是隨便說幾句，他的粉絲數量很難得到實質性的提升。

私信在微博世界裏用得非常普遍。在很多情況下，你都可以用私信來擴張自己的圈子。例如，可以發私信給已經關注你的人氣高的微博主，或者給那些人氣高而且開放私信（即在隱私設置中允許所有人都可以向他發私信）的微博主。而後大膽利用私信，請這些微博主幫你轉發或推介。

找人推介時，不要只看他的粉絲數量，或他推介後的轉發數量，還是應該找到與你個性特點比較近似的人，以及粉絲群體特徵也比較近似的人，只有這樣，他粉絲群體中的人，才最有可能成為你的忠實粉絲。否則，僅靠大量轉發所得到的粉絲，可能很不穩定，或許過一段時間他們就取消對你的關注了。

從達人到明星——時間、效應、頻率、互動

當你揮別大蝦（資深網民），成功晉級草根一族時，會怎樣呢，會不會期待著有朝一日變成一隻美麗的鳳凰？

最佳發微博時間

微博的用戶數量非常大，每天新產生的微博數也非常多。對一個微博用戶來說，他每天閱讀微博時，所關注的所有人新發布的微博都會出現在時間流中。大多數人通常沒有辦法讀完所有的微博，而是只讀那些

他們上微博主頁後看到的最新的內容。這樣一來，發微博的時間就變得很關鍵——如果想要更多的人看到你發的微博，那麼，你就一定要選擇最合適的發布時間。

首先，人們每天上網看新鮮事物的時間通常趨向於幾個集中的時段：上午9:30至12:00，下午3:30至5:30，晚上8:30至11:30。這幾個時段就是發微博的黃金時段。按照線上用戶的活躍程度來排序，一般是晚上活躍用戶最多，上午其次，下午稍少一些。

當然，工作日和週末最佳發微博的時間大不相同。在工作日，人們朝九晚五上班工作，在上午、下午和晚上有集中上網的時間。週六和周日因為大家要休息，上網看微博的時間相對比工作日要少很多，而且分布也不是很有規律。一般來說，週末上午看微博的人少，下午和晚上要多一些。而且，週六看微博的人最少，周日要多很多。如果你寫微博需要每週休息一天的話，那選擇在週六休息準沒錯。

其次，根據微博讀者對象的不同，發微博時間也略有差異。比如，如果你寫微博主要是給大學生看的，那你也許要考慮到，大學生沒有太明顯的週末、工作日的規律，其週一到週五因為要上課，白天上網的時間少，週末上網的時間則最多。所以，發給學生看的微博，可以選擇在工作日的晚上或週末的下午、晚上發。

再次，微博內容不同，最佳的發微博時間也有不同。例如，如果發的是業界新聞、行業動態，最好是在上午工作時間發，這時，關心此類內容的辦公室職員、白領等族群，多半正在微博上瀏覽相關資訊。如果想發布有關人生感悟、娛樂休閒、家居生活等話題，那最好是在晚飯之後的時段發。週五下午，通常可以談談週末娛樂方面的話題。

利用節假日效應

每逢節假日，微博上的粉絲們往往會關心一些特定的話題，並大規模轉發某些特定的內容。例如，耶誕節前後，大家會在微博上互致問

候，並大量轉發與耶誕節相關的笑話、圖片、故事⋯⋯在情人節期間，那些柔情蜜意的圖片、詩篇，有關愛情的格言警句，可以營造氛圍的照片、文字都會成為大家轉發、追捧的焦點。一年之中，學生的寒假、暑假，以及元旦、春節、西洋情人節、清明、母親節、端午、七夕、中秋、教師節、國慶、耶誕節等，都有不同的微博焦點。你可以嘗試著預先做些準備，比如提前五到十天準備好一些自己想發的內容。如果能在每個節假日多發一些最相關的微博，一定可以收到很好的效果，吸引眾多粉絲的關注。

例如，在教師節，發微博感謝你人生中的幾位良師。

李開復：「教師節感恩：（一）中學數學老師Albert，她鼓勵我讓我喜愛數學，每週開車送我去大學上她教的微積分；（二）大學教授Myron，他教我：人生的目的就是讓世界因你而不同；（三）博士導師Reddy，他在我提出不用他的方法做論文後，告訴我：『我不同意你，但是我支持你』；（四）Sister Mary David是個有耐心的修女，每天犧牲自己的午餐休息時間來教我英語。」

我們應該注意，有些重要新聞、時事會改變當天的微博氣氛。比如說，當大家在哀悼火災罹難者的那天，你就不應該在傷痛的時候發搞笑的微博。如果你看到大家正在討論重大事件，那就不妨想想，你是否有合適的、有深度的內容可以即時發出。這種即時討論就像在真實生活一樣，要及時，熱潮過了就很難激發網友的興趣。

如何轉發

在微博平臺上，相互轉發是擴大影響力、加速微博內容傳播、吸引更多粉絲關注的重要手段。從這個意義上說，轉發是「群體智慧」的表現。正如前面說的那樣，寫微博時，我的角色是記者，而轉發微博時，

我的角色是編輯。因此，轉發微博是一種技能，就像一個好編輯要善於發現好文章、好作者，並善於編輯、加工和再包裝一樣。善於轉發微博的人，總是能在最恰當的時機，轉發對自己的粉絲最有價值的資訊，同時他還會用符合自己特點的評論，為轉發加上「點睛之筆」。

轉發微博時，要注意以下幾點：

一、慎重挑選要轉發的內容。轉發在一定程度上表示該內容得到了你的認可，也代表了你的品味，不慎重使用轉發，不但會讓你失去粉絲，更會傷害你自己的信譽。

二、微博是個性化的平臺，內容還是應以原創為主，轉發不要超過自己微博數量的一半。

三、特別值得轉發的內容，可以在最後加一句「請轉發」。

四、轉發時儘量加以自己的簡短評論，或從轉發的內容裏挑一句經典的話，這樣，你自己才會被大家關注。

五、自己轉發自己。對於自己發出的，比較受歡迎的微博，幾個小時後可以加一句話或者加一個問題，透過轉發的方式再發一次。這樣，即便錯過了看第一則微博的粉絲，也有機會再看一遍。而看過第一則微博的人，也可以從第二次轉發中找到新的資訊內容。

六、利用轉發來發起「病毒傳播」。例如，關於慈善、愛心活動的轉發，你可以在微博內容上標明「慈善」、「援助」等字樣，你的微博就很容易一傳十、十傳百地連環轉發下去。微博上也有人玩文字接力的遊戲，用連環轉發的方式不斷續寫一則微博，也是病毒傳播的一種。

七、對於留言或私信要求你轉發的請求，適當地選一些好的來轉發，但不宜過多。

八、轉發和留言最好少於一百字，免得別人再次轉發時，要刪除你的字（因為轉發的字數上限也是一百四十字）。

九、不要用轉發的方法來回應針對你的，負面或惡意的微博、留言，因為那樣反而幫其做了宣傳（有些網友只看被轉發的內容，而忽略

轉發者的評論）。

十、轉發或轉載資訊時，記得不要隱藏出處、原作者、原始網頁聯結等資訊，即便字數有限時，也要儘量只刪減言論，而保留作者姓名（這和學術著作裏嚴謹的引用規則一樣，受所有微博用戶的尊重）。

合適的發微博頻率

除了發微博的時段以外，發微博的頻率也是一個值得考慮的因素。

首先，一個盡職的微博主，最好能天天都發微博，別讓粉絲忘了你。但是，一天發的微博數量過多，會讓粉絲在瀏覽頁面時，造成「刷屏」現象，引起大家的反感。而且，數量多了，微博的品質會下降。因此，一天發十至十五條，是一個比較合適的頻率。

另外，每天不同時段發的微博數量儘量均衡，比如每天早上、下午、晚上各發三至五條。

每條微博之間，最好間隔一定時間再發，比如相隔二十分鐘左右，或者更長時間。因為讀者在某個時間看到你發的多條微博時，通常只會仔細閱讀最新的一兩條，而忽視之前的微博。

總體來說，發微博的原則是「寧缺毋濫」。在沒有好的內容時，寧願少發或者不發，也不要過多地發布低品質的內容。對於一個關注度本來就不高的新微博來說，以過高頻率發布過多的低品質內容，無異於是趕走粉絲的自殺行為。

對於微博新手來說，一開始因為高品質的內容少，所以發布頻率低一點比較好，每條微博的間隔時間可以相應地長一些，比如一、兩個小時以上。等到技巧逐漸熟練，微博內容的品質愈來愈高，你就可以逐漸提高頻率，每天多發一些微博，每條微博的間隔時間也可以縮短一些。

與粉絲互動

吸引粉絲關注、留住忠誠粉絲的一個非常重要的方法，是在微博平

臺上，經常保持和粉絲、網友之間的互動。

微博上的互動類型有很多種，通常包括：解釋和說明、提問和回答、徵集意見、發起話題討論、不同觀點的辯論、發起投票、有獎競答或猜謎等。做這些互動時，我們要注意幾點：

首先，在寫微博時，微博內容可以留出適當的擴展、發揮的餘地，給別人接續話題的空間，或者再創造的欲望，不要將其寫成所謂的「死帖」。

其次，有的微博最後可以問個問題，這樣容易引起大家興趣，使大家參與討論。但是，對於問題型的微博，你既然發問了，就一定要負責任地查看粉絲的每一條回覆和評論，你自己也要積極地參加討論。

最後，要保持互動時的風度。不要生氣，不要鄙視別人，儘量不要刪除別人的評論（純粹的惡意廣告可以刪除，出言不遜、態度惡劣的網友則可以考慮將他列入黑名單，但要謹慎處理）。

在微博上發起討論、投票。這些與粉絲、網友的互動活動，既可以幫助你從多角度分析問題，瞭解大家的想法，也使氣氛更熱絡，增加了粉絲的參與感，使粉絲更加喜歡你的微博。

微博不僅能讓大家瞭解別人，也同時讓別人瞭解自己，但是微博更應該是提升自己的平臺，知自己所不知，想自己之前所未想的。所有東西都為自己所用，才是最好的結果，不是嗎？

「做什麼」像是物質資訊，「想什麼」像是精神資訊，所以分享和關注「想什麼」的微博愈來愈多是微博的一種進步。

不同的人有不同的需要，微博只是一種使用工具。使用主體不同，目的也就不同。所以有的人喜歡表達自己在做什麼，有人喜歡透過微博找到更多的有共同愛好的朋友，即便是同一個人在不同的時期也用不同的角度發表微博。所以說微博對個人和社會都是一個大大的平臺。

微博平臺通常提供發起和組織粉絲投票的工具。所以除了主動地在微博上發起與粉絲間的互動，還要特別留意粉絲的回饋，即時作出正確

回應，這也是保證粉絲忠誠度、增加粉絲數量的關鍵。

總之，在微博上有很多和粉絲、網友互動的方法，只要你善於使用各種互動技巧，同時細心收集、聽取回饋意見，就一定能贏得愈來愈多的粉絲關注。

TIPS：微博十大新潮用語

脖領兒：微博一族中的「領袖人物」，微博關注率、點擊率雙高，粉絲眾多。

微波爐：如微波爐般把一些「半成品」放在爐裏「加熱」一番，便有「翻新猛料」爆出。微博標題及文字吸引目光、頗具煽動力。言辭嘩眾，語不「雷」人死不休。

脖梗兒：微博文字以譏諷、謾罵、惡搞等為主。

鉑金：含金量頗高、很有名望的微網誌。

長脖鹿：微博文字言簡意賅，提綱挈領；著眼點高，觀點獨到。亦指自命清高、俯視其他博主。同時還有「脖子伸得很長，專窺探別人的隱私」的意思。

伯爵：微博一族中的「貴族」，多為知名人士以及各行業裏的「專家」等。

老伯：微博的先行者。

漂泊：微博一族中的「散戶」，三天打漁兩天曬網，飄忽不定。也指以「轉載」他人文章為主的微博，網誌內容多為「舶來品」。另外也指外觀漂亮的微博。

泊位：在微博一族中雖夠不上「老伯」、「伯爵」、「脖領兒」式的人物，但在微博中也算「有地位」的。在微博一族中占有獨特的一席之「位」。

薄荷糖：微博一族裏，語言特色、內容形式都很具個性的微博。

很多人會有這樣的疑問，在微博裏努力運作了幾個月，每天更新，大轉微博，和粉絲互動……很多粉絲已經與他們成為了朋友，但就是沒有產生預期的效果，或者是沒有新的粉絲群，或者是產品無人關注，這是為什麼？

第二章

我推故我在──輕鬆擄獲千萬粉絲

現在我來給微博玩家分一分類。

第一個層次：不入流型

運作效果評分：不及格

運作行為與表現：來微博只發廣告，樂此不疲，一天十幾條。

運作結果：很難產生銷售收益。

第二個層次：如饑似渴型

運作效果評分：六十分

運作行為與表現：每天發些吃喝拉撒的報告，求人氣，求關注，又是留QQ號，又是留電話，拚命地向大家展示自己。

運作結果：能夠產生一定的粉絲，但是很快大家就會厭煩了。

第三個層次：遊刃有餘型

運作效果評分：八十分

運作行為與表現：不斷轉發熱門話題，並以「啟發式提問」的方式在微博上表達觀點，以此提高網友的關注率，積極回答並解決網友的問題，樹立論壇內某項產品專家的專業形象，以獲得網友的信任；與論壇裏的網友和其他商家打成一片，互相捧場；在網友表現出對其所經營的產品有需求時，能夠耐心的給與專業意見和「友情價」，使消費者產生「反正買誰的都是買，不如買個朋友的放心，真出了問題他也不會不管」的想法。

運作結果：經過一段時間的努力，因為網友的信任和口碑傳播能夠獲得良好的人氣；同時使自己所經營的產品獲得廣大網友的信任。

第四個層次：絕對高手型

運作效果評分：九十分以上

運作行為與表現：除了具備「遊刃有餘型」所表現出的一切行為特點外，還懂得如何利用微博上發生的事件，甚至會製造一些事件，提高自己的知名度和讚譽度；懂得如何應對微博內的突發事件；善於用微博危機公關；善於對微博內各項資源進行整合，並善於有效利用這些資源，以提高自己的品牌知名度和銷售業績，能夠透過微博，使公司和產品在微博裏的知名度和讚譽度擴大。

運作結果：這種人對經營管理、品牌運作、資源的有效整合與配給、管道的開發與管理肯定是很有心得，其已經具備了自己做老闆的基礎，如果再具備生產管理能力和財務知識的話絕對可以自己開山立派了。

做好微博，首先要走出幾個盲點：

一、粉絲不喜歡看廣告，微博根本沒法做產品推廣。

二、不用付出太多，只要把資訊發上去就有客戶主動送上門。

三、每天多發微博、多問答問題、多轉些好玩的，就可以累積人氣。

一些人總是抱怨粉絲不具備購買誠意，如果問他們「那你是怎麼寫微博的」，得到的答案是，每天在微博裏轉發一些有關自己所經營產品的知識類文章的聯結。稍微強的是插入幾個影片和幾幅照片，然後就下線去做別的事情了。

如果是這種做法，那也就不難理解為什麼他們無法從微博裏獲得直接銷售收益了。

可以舉一個簡單的例子：比如某個商家在全市最繁華的地段開了一個產品專賣店，那這個店的老闆會怎麼經營這個店面呢？

首先他會在店鋪的櫥窗裏擺上所售商品的樣品，也一定會在店鋪內外貼出海報以做宣傳和促銷，更重要的是當有消費者進入店鋪的時候，會有銷售人員向消費者介紹店裏的商品，並解答消費者提出的問題，甚至還會無償地幫助消費者解決一些與本店商品銷售沒有關係的問題，以獲取消費者的好感與信任，從而達到成交的目的。

但是無論如何，絕對不會出現每天店鋪開門的時候找個嗓門大的人站在店門口，透過大喇叭向著大街宣讀一下自家所售商品的知識，之後任憑消費者進店亂逛，縱然有人提出諮詢問題也不會作答的情況。

現實中，任何一個老闆都不會採用上面所提到的錯誤經營方式。但是在微博上，很多經營者卻屢次犯下這樣的低級錯誤而不自知！

下面我們將從事件，影片、軟性文章……等具體的要素一一道來，教你如何利用這些要素，在微博上輕鬆累積自己的人氣，擄獲千萬粉絲。

事件關注——用得好事半功倍

一九一五年，在「巴拿馬—太平洋萬國博覽會」上，各國送展的產品，可謂琳琅滿目，美不勝收。可是中國送展的茅臺酒，卻被擠在一個角落，久久無人問津。中國工作人員心裏很不服氣，其中一個人眉頭

一皺，計上心來，便提著一瓶茅臺酒，走到展覽大廳最熱鬧的地方，故作不慎地把這瓶茅臺酒摔在地上。酒瓶落地，濃香四溢，招來不少人圍觀。人們被這茅臺酒的奇香吸引住了……從此，那些只飲「香檳」、「白蘭地」的外國人，知道了中國茅臺酒的魅力。這一摔，茅臺酒出了名，被評為世界名酒之一，並得了獎。

在微博上，事件行銷最重要的特性是利用現有的非常完善的新聞機器，來達到傳播的目的。由於微博上所有的新聞都是免費的，在所有新聞的製作過程中也沒有利益傾向，所以在微博上製作新聞不需要花錢。

那麼，發什麼事件才能引起關注？

二〇一一年春節晚會上，魔術師表演金魚排隊。節目結束一分鐘不到，微博上已經有人爆料魔術師在金魚肚子裏裝磁鐵涉嫌虐待動物。這條微博瞬間被轉發近萬次，甚至驚動了動物保護組織。後來可憐的魔術師不得不開了微博，指天誓日地證明金魚都活得很好。但這則微博的轉發卻是寥寥無幾。

可見人類天生就只關注那些吸引目光的東西，而忽略掉其他。尤其是在微博時代，資訊一旦以碎片形式出現，那些缺乏刺激和獵奇價值的資訊片段就會被自動過濾掉。

一則成功的事件關注，必須包含下列四個要素之中的一個。而這些要素包含得愈多，被關注的機率愈大。

一、重要性。判斷內容重要與否的標準主要看其對社會產生影響的程度。一般來說，對愈多的人產生愈大的影響，其新聞價值愈大。

二、接近性。愈是心理上、利益上和地理上讓受眾接近相關的事實，新聞價值愈大。心理接近包含職業、年齡、性別諸因素。一般人對自己的出生地、居住地和曾經給自己留下過美好記憶的地方總懷有一種特殊的依戀情感。所以，在策劃事件行銷時必須關注到你的受眾接近性的特點。通常來說，事件關聯點愈集中，就愈能引起人們的注意。

三、顯著性。新聞中的人物、地點和事件愈是著名，新聞價值也就

愈大。國家元首、政府要人、知名人士、歷史名城、古跡名勝往往都是新聞發生的地方。

四、趣味性。大多數受眾對新奇、反常、變態、有人情味的東西比較感興趣。有人認為，人類有天生的好奇心或者稱之為新聞欲的本能。

必須瞭解新聞損耗率

因為新聞有自己的損耗，所以對於事件行銷的策劃者來說，必須瞭解這一概念，才可能減少這種損耗。

新聞法規的限制。目前，在一些領域還是存在明顯禁忌的。例如有關宗教問題、失業問題，或者在某個區域，如果一則新聞會表現出這個地區比較落後的一面，就會受到一定的限制。

某地有家公司開業，在某個廣場放置一千把公益傘，然後又安排幾個人帶頭進行闖搶，再以微博的形式現場報導，從而進行一定的宣傳。

這一事件確實引起了不少關注，但很多人認為，這事情反映的是當地民風落後、甚至還有治安不好的疑慮，所以很少有人注意到它的本意是推廣傘，自然也沒多少人去買傘。

網友是有獨立思想的人。他們往往透過對新聞的閱讀產生自己的獨特聯想。有時這種聯想對於事件行銷的策劃單位是有利的，有時則是相當不利的。

善於運用你的優勢

事件行銷的第一招是要分析自己企業和產品的定位，看自己是否具有足夠的新聞價值。

假如你的企業可以充分引起公眾的好奇，那麼你就必須注意了。因為你的所有舉動都有可能成為新聞。當然如此你運作事件行銷並取得成功的機會也會比別人大得多。

如果一個人想要在微博上進行事件行銷，首要的工作就是分析：

一、你的微博本身有足夠的粉絲嗎？

二、你是否代表了某個領域，而這個領域與粉絲們關注的方向是否一致？

如果上述兩個問題的答案是肯定的，那麼，你進行事件行銷絕對是輕而易舉。但是，對於很多博主而言，很容易犯的一個錯誤，是製造了不符合自己形象的新聞，單純為了造新聞而造新聞。

⑥ 「病毒」──至少能夠讓一百萬粉絲觀看影片

同樣是廣告，很多人認為直接把影片放在微博，就萬事亨通了。然而，微博是網路模式中的帝王，而受眾是微博傳播模式中的新君。面對成千上萬的資訊，受眾決定著資訊的生殺大權，如不能具備足夠的吸引力，你的影片，將被受眾手中的滑鼠扼殺。

在微博時代，我們應該從速食文化的角度出發，多考慮「影片病毒行銷」。

什麼是病毒行銷？它並不是傳播病毒而達到行銷目的，而是「資訊像病毒一樣傳播和擴散」，利用快速複製的方式向數以千計、數以百萬計的受眾傳播。也就是說，我們要透過提供有價值的產品或服務，「讓大家告訴大家」，透過別人為你宣傳，實現「行銷槓桿」的作用。

好的影片自己長腳，能夠不依賴需要購買的媒介管道，靠無法阻擋的魅力俘獲無數粉絲，成為傳播的中轉站，以病毒擴散的方式蔓延。

你首先得保證自己的影片是強力的「病毒攜帶者」。

那麼，如何讓你的短片「病毒化」？

娛樂病毒：微博最不能少的元素

網路影片廣告搭上娛樂的順風車，將會大大提升其傳播速度。在眾多成功的網路影片廣告中，運用娛樂病毒的比例最大，因為娛樂病毒與

品牌資訊的相容性較好，易於結合處理。

有一段網路流傳的影片錄影讓全世界人瞠目結舌：夜幕下，一群頭戴面罩的「塗鴉大師」翻過鋒利的鐵絲網，成功潛入戒備森嚴的美國空軍基地，直奔美國總統布希的專機「空軍一號」旁，飛快地在其整流罩上噴上「STILLFREE」的大字標語。該片甚至驚動了美國空軍，連忙下令檢查這架總統專機是否果真遭人「毒手」。

直到製作者現身講述了事件的整個過程後大家才不再恐慌。紐約一家時尚公司為吸引注意，在美國加州一個機場以重金租用了一架波音七四七客機，改裝成「空軍一號」的樣子，然後製成了這部短片。短片使得此時尚公司名噪一時，而該片也勇奪坎城影展金獅獎。

「性」病毒：傳播雙刃劍

這是大家都知道卻又都避而不談的話題。性元素是網路傳播中的一把雙刃劍，就看企業如何運用。

韓國美女朴志胤主演的滑蓋手機廣告，透過男女做愛移動的姿勢來比擬訴求手機滑蓋功能。這條廣告在電視臺被禁播了，但在網路上卻如火如荼地傳播。

來自澳洲的歌壇天后凱莉‧米洛，為情趣內衣品牌「誘惑者」拍攝的短片，講述了她透過內衣和完美的身材誘惑男友的故事。該片的網路點閱量已經超過三億六千萬次，榮登全球十大網路影片榜。

但使用這種病毒時需要特別小心注意，不能忽視性病毒對於品牌形象的損害。

獵奇病毒：巧法制勝

獵奇是每個人的天性，能夠滿足大眾獵奇心理的影片，自然就有了賣點和看點。本田汽車曾拍攝過一段神奇得讓人拍案叫絕的網路短片：在短短兩分鐘的鏡頭中，本田雅歌的一百多個零件排成列，以推骨牌的

方式逐一啟動每個零件的運轉，其中包括聲控感應和自動灑水裝置等新功能零件。當全部零件工作完畢後，一輛嶄新的雅歌汽車現身於人們面前。原來一部車有這麼多精巧的零件！驚人的視覺效果與震撼，讓該片在兩周內被全球網友瘋狂傳看。

暴力病毒：目前無企業運用成功

根據受眾心理分析，暴力和恐怖這種強烈刺激性的元素，會對用戶產生強大衝擊，是吸引用戶的有力病毒。

除了以上這些因素，一個好的企業影片行銷還必須個性鮮明、與品牌緊密結合，千萬不能只顧提升廣告的「病毒性」而忽略品牌資訊的傳播。

我們應該遵循以下原則：

以短制勝：要學會把長的故事分解成小的影片短片。

遠離露骨的廣告：如果一個影片看起來像廣告，那麼網友是不會與他人分享的，除非它真的令人驚豔。

足夠震撼：讓影片觀看者沒有任何選擇，只能進一步探索。

巧妙敘事：不管是用於「病毒行銷」的網路影片還是給用戶的感謝信，優秀的影片一定要學會講故事，以此留住觀眾的注意力。

言簡意賅：效果最好的線上影片長度應介於三十秒至幾分鐘之間。如果你有長達一小時的話要說，那麼就分成幾個小段，這樣觀眾會覺得更有趣一些，而且容易找到主題。

處變不驚：在市場行銷活動中，如果你舉辦比賽，讓顧客們發揮想像製作短片，那麼最好有點心理準備，因為參賽作品中可能會出現不少負面的東西。

做足功課：誰也無法保證一個影片行銷策略引發病毒式的傳播效果。即便如此，你依然必須明白消費者想要什麼，就像你在傳統行銷方

面做過的事情一樣。

精確計算：雖然「病毒影片」日趨流行，但是這並不意味著那些樂此不疲的觀眾就是你的目標群體。最好能夠取得受眾的構成報告，然後看看究竟有多少人會轉變為你的最終用戶。

我們不該做的幾點：

弄虛作假：你最好老實交待自己是誰、公司微博、企業老總微博等等，但是如果有大公司想要假扮成普通網友的話，就必須冒真相大白之後被口水淹沒的風險。

處心積慮：宣傳影片最好要讓員工用自己的話講述自己的故事。費力不討好地準備一大堆演講稿讓人照本宣科只會弄巧成拙。

過於頻繁：實際上，過多的影片容易被人誤解為傳統的電視廣告。一般每隔三五天發一個，不要太密集。

年輕過頭：根據最新的調查結果，相較於十八至二十四歲的年輕人，三十五至五十四歲的中年觀眾對於網路影片的熱情更甚。如果你只把目標受眾定為年輕人，那麼就會丟掉大塊市場。

忘記品牌：獨一無二的滑稽影片在網際網路上能夠取得極佳的傳播效果。但是如果這個影片不能強化你的品牌形象，那麼結果將變成——觀眾人山人海、買家寥寥無幾、用戶大惑不解。

一百四十字軟文：「ＸＸ快死了——發現還有一口氣——原來……」

早期的軟文（意為不拘形式的文字表達方式）大多是專欄形式，它起源於平面廣告，因此專欄也被稱為「文字廣告」。當單純的平面廣告無法深層次說明產品功效，以及所能表達的資訊透過廣告很難完成的時候，廣告就成了文字廣告，即今天所謂的「專欄」。

炒作

很多事情在普通人眼裏是小事，但是對於軟文炒作而言，一定是大事。只要你把事情搞大了，並且最終自圓其說，那就能達到最佳效果。

微博只有一百四十個字，如何善用這一百四十個字的軟文呢？最有效的方法是——提出反面問題，進而正面回答。

一、提出「ＸＸＸ快死掉了」的微博；

二、發現「還有一口氣」；

三、「原來是這樣啊！」

當然，這種手段適合於冒進的企業，對於一些較為保守的企業而言，其炒作手法則較為單調。但是這樣的企業一旦有軟文需求，一般都是發生七級大地震類的事情，影響是非常之廣的。此時的軟文炒作，要「猶抱琵琶半遮面」、「欲語還休」，一點點地進行告知。

軟文操作應以發布、評論、回覆評論……進行慢性轟炸，否則一個大綜述，幾條微博同時一出，將事情說得清清楚楚、明明白白，再去炒作就是雞肋了。何況這裏只有一百四十個字，你就是寫十條也不見得能一口氣說清楚。記得，一定要慢！

無形

在無形之中達到軟文炒作的目的。

如家電經常上演的收購案，ＩＴ業經常上演侵犯專利起訴案，塗料行業有喝塗料的案子……具有中國特色的一波又一波的大降價案，還有進來盛行的砸自己家產品的行為，都賺到了媒體的大篇幅版面。但這只是較為高級的軟文炒作，因為討論很少升級，所以效果也就一般。

最基本的無形勝有形的文章，不是公關稿件的最高境界：它看似站在第三方角度進行公正評論，但文章的整體卻在為客戶說話。所謂無上極至，我們要達到的效果是逼競爭對手出招，或者將媒體的目光吸引，主動跟進，讓別人花錢為自己炒作。

對於逼競爭對手出招的方法，是主動攻擊對手的軟肋，一般是處於市場二三階的企業攻擊第一梯隊的企業，打擊別人以提高自己。因為是軟肋，競爭對手明知道是圈套也只能慢慢往裏鑽，他們花錢為自己洗脫的時候，不得不提高別人。這事實上是對雙方都有好處的做法，如果兩個企業配合有默契，效果就會很好。對於市場上的冤家對頭，如果你吃不下對方，就可以默契地進行互相攻擊，瑞星和金山的默契炒作可算是較為成功的一個例子。

媒體的嗅覺是靈敏的，消費者最關注的也是媒體最需要的。很多時候，我們只需要提供一個話題，比如媒體普遍報導家用空調的使用是否健康，比對品牌本身進行炒作要有效得多。另外，對於網路媒體而言，它們對優秀文章進行大範圍轉載無疑也達到了軟文傳播的絕佳效果。不管是哪種方法，能以點帶面，發出一個聲音，「慫恿」媒體來幫助炒作概念，便是四兩撥千金的最好辦法。

不管是怎麼炒作，最終目的是利用最少的資源，引起全社會的共鳴。

切入點

找切入點，沒有什麼秘訣，但是整體的思想和一些方向，是大致相同的。

一、從產品本身的分析

對於任何的推廣工作，這都是最先需要做的。找切入點的工作就是找攻擊點的過程，所以對產品本身的分析，非常重要。

那麼到底分析什麼呢？一句話，找出你的產品所有的特點。將這些特點匯整後，很多都是我們可以利用的切入點。

二、相關的探勘

很多人把軟文理解為炒作文章，在微博上，你可以經常利用周邊一些大事件，然後拉上關係，借用大事件的關注，把你的微博很好的引出

來。

三、粉絲群體的分析

微博誰看？你的粉絲群體。微博的推廣，只不過是一個把你微博的相關資訊，或微博的一些產品資訊，更好地被你的用戶群體所接收。

插句題外話，很多博主亂加粉絲，群體未細加分類，全部一視同仁，這樣的推廣工作，怎能成功？即使有很多的人關注你的微博，也只是在無休止地做白工。這是微博推廣一個很大的忌諱。

你需將粉絲分類，然後選出「特別關注」的一類，研究他們想要什麼。

內容寫作

一般來說，微博的寫作有三個方面可供參考：

一、符合事實性，即朝著完全符合事實的方向構思。這種方法最容易，你只要列明商品名稱、規格、性能、價格、品質、特點及電話、位址即可。

二、說服性，即按說服的方向構思。以消費者所能得到的利益為前提，說服其購買。說服的技巧有比較法、證明法、警告法等。這種廣告文亦可統稱為理智性的訴求文字。

三、感情性，即向感情方向構思。富有感情的詞句能夠打動消費者，使之產生購買意念。這種廣告文案講究用詞精美，字裏行間充滿感人的力量，屬感情性訴求。

這三個構思方向，可以交替組合使用。

軟文正文的寫作技巧是多樣化的。在寫作軟文正文時，除要熟悉所寫商品的性能、掌握住消費者的心理需求、瞭解市場變化動向等外，還要掌握如下要點：

一、傳統廣告正文是有其寫作模式的，即有開頭、中段和結尾之分，需按順序展開，並往往用標題敘述法來敘述。此法的好處在於，標

題已點明軟文的主題思想，便於圍繞主題展開全文。一般而言，由於資訊記憶的需要，寫作者需在廣告的開頭和結尾放上最重要的資訊，這是為了配合記憶規律的要求。

二、由於只能寫一百四十個字，所以就儘量少用語氣助詞，含義不清的詞，但可以用幾個獨立的句子。逗號不要太多，網路符號可以放幾個，但是千萬別火星文到看不懂。避免用抽象空洞的詞句，如「價廉物美」、「品質優良」等。

三、可以在微博只放上標題和開頭，後面插入廣告正文的聯結。前提是這個標題和開頭，一定要有趣、動人，不僅要有概括性，而且還要有藝術性。表達儘量做到生動、別致、貼切和具象，富有趣味性，這樣，才能使消費者感到親切，樂於欣賞品味，從而增強記憶和聯想。

四、獨白式：這是直接向消費者闡明廣告的內容。

五、文藝式：即以各種文藝形式來反映廣告內容，如戲劇、詩歌、散文、故事和廣告歌曲等。這種形式能使人產生愉悅情緒，吸引消費者的注意力，並帶動其思維活動。

六、號召式：可以直接引用權威人士、社會名流和消費者，或是利用權威部門的相關微博加以證明自己的話。由於論證方式比較客觀，易於引誘消費者仿效。但應該注意的是，有時利用知名人士做廣告並不一定能取得消費者的信任，普通消費者的推薦或讚揚往往顯得更為親切和可信。

七、偶爾用截止日期來做試驗。比如，在星期一的微博上寫入「還剩五天」，然後在星期四的微博上接著寫「只剩二十四小時」。但是不要養成總使用截止日期的習慣。粉絲會對總是讓他們上氣不接下氣的東西產生厭煩。

逆向思考其實很有效

很多時候，網路行銷推廣較多採用正面的、絕對的模式進行創意，這樣做很容易形成模式化的特徵。比如手機企業進行產品推廣，往往採取影片或傳簡訊大賽；遊戲企業推廣新遊戲時，就找幾個美女拍一些性感圖片發到網上給遊戲做代言，或者在網上到處贈送點數卡、遊戲虛擬寶物之類來吸引用戶。電腦廠商的網路推廣就更簡單了，它們先做一大堆的產品測評，然後叫囂著自己的電腦速度多快、價格多便宜……但凡每個行業，都有幾乎固定的網上推廣創意思路和方法，它們所不同的僅僅是內容或活動形式上的微調，這易導致網友對那些重複之後再重複的推廣方式產生「審美疲勞」。

在行銷創意的構思過程中，我們可能都經歷過思慮凍結的時候。忽然之間自己的腦子就不管用了，甚至到了「山重水複疑無路」的境地。這是因為，當我們的大腦太專注於某一事物時，人的創造性思維反而會受到抑制。此時，我們所需要的是一種能幫助我們在無效的執著之中擺脫這種迂迴，回到充滿靈感的創作中的方法。此時如果能夠運用逆向思考方式，確實能發揮「柳暗花明又一村」的功效。

廣告訴求的內容萬紫千紅，為什麼要訴求缺點？不是自曝其短？真不像話。其實，這是誤解或片面的認識。生活中時時、處處有缺點。不完美是缺點，完美了求更完美，原來的完美又成了缺點；不進步是缺點，進步了固步自封又成缺點了……

透過以下案例我們不難看出逆向思考如果運用得當可以產生巨大的效果。

二○○五年，一個叫做「吃垮必勝客」的帖子，曾一度在網上熱烈流傳。該帖的「出爐」，是針對當時人們普遍對必勝客水果蔬菜沙拉的高價極為不滿，而提供了很多種多盛食物的「秘方」。許多人看到後感到非常新奇有趣，躍躍欲試，因為「沙拉塔」的樣式和建築技巧在不斷

被創新，網友的參與熱情和嘗試熱情不斷提高，甚至不少人發了更高明的傑作並在網上炫耀，讓自己成了眾人矚目的焦點。其結果可以想像，隨著帖子點擊率的急速飆升，必勝客的顧客流量迅速增長。

可以猜想，這是一次堪稱經典的病毒式網路行銷典範之作，其背後的黑手不是別人，就是必勝客自己。關於如何堆砌十五層沙拉塔的《吃垮必勝客》一文，以帖子、郵件等形式，在網路上如病毒似的瘋傳，必勝客在幕後是請了專門的發帖公司和推廣人，這才讓這個帖子在幾乎所有的熱點論壇中都引起圍觀。

人們在堆砌沙拉塔的歡樂中，早已忘記他們此行的目的是吃垮必勝客了。誰堆砌得更高，成為一種新的較勁心理。

這一事件行銷的成功，關鍵在於必勝客對消費者「不滿」時機的把握恰到好處。必勝客表面上採取背水一戰的方式，不惜自毀形象，在網路上散佈「不利於」自己的流言，實際上很準確地拿捏住了穴位和癥結。在企業主導的這樣一次「自殺式」行銷中，掌握了自毀的主動權，透過帖子，成功煽動起了消費者對必勝客食品價格的仇恨（注意！並不是對必勝客的仇恨），同時透過帖子巧妙引導，讓消費者對必勝客食品價格的仇恨不至於變成對它的抵制，而是讓消費者用實際行動，去必勝客消費，透過有趣的堆砌沙拉塔的方式來發洩自己的不滿，從而實現「吃垮必勝客」的可能。

結果，必勝客非但沒有被吃垮，反而借助這個人民幣三十二元一份的「只要碗能裝，多少不限量」的自助沙拉，成功地贏得了大量的顧客，更為重要的是，它藉此成功地趁其在美國市場上的死對頭「Papa John's」在中國市場立足未穩之際，將其紅牌罰下。

這類逆向思考的網路行銷並沒有太多地出現過，其原因很簡單，很多傳統媒體擔心自己掌控不好輿論方向，結果會反噬其身。尤其在中國，由於企業大多採取保守姿態，多一事不如少一事，所以企業更趨向於穩健的宣傳方式。

　　比較典型的就是召回新聞。一九八五年，海爾從德國引進了世界一流的冰箱生產線。一年後，有用戶反映海爾冰箱存在品質問題。海爾公司在給用戶換貨後，對全廠冰箱進行了檢查，發現庫存的七十六台冰箱雖然製冷功能沒有問題，但外觀有劃痕。時任廠長的張瑞敏決定將這些冰箱當眾砸毀，並提出「有缺陷的產品就是不合格產品」的觀點，這在社會上引起極大的震動。雖然在國外一旦產品出現了問題，便立刻召回，但這做法在中國很少。中國企業害怕召回，一旦召回了，就意味著對世人宣告自己的品質有多麼不好，哪怕產品再有缺陷，也難見召回。倒是消費者經常砸砸有缺陷的汽車、手機被媒體曝光。

　　在傳統的網路行銷宣傳者看來，這種宣傳模式也很難掌控住，而正因如此，諸如必勝客這樣的逆向行銷就成為比較少見的案例，所以很容易直接震撼到消費者的內心弱點，取得意想不到的效果。

　　但是在微博上，一切都有可能。

　　以前，我們經常遇到這樣的情況，當寫了一篇評論文章對某個公司或某個產品表達一些意見之後，特別是網路遊戲公司，很有可能就會接到該公司或公關公司的電話，希望雙方透過「溝通」獲得「諒解」，其潛臺詞是「請你刪掉博文」。

　　但是一百四十個字需要刪除掉嗎？

　　其實如果微博行銷策劃者敢於利用問題進行反向行銷，注重逆向思考，巧妙打出「自毀」牌，未嘗不是一條出路。

一個招數可以重複使用

　　下面的例子一個是個人行銷，一個是企業行銷，兩個不同的案例帶給我們很大的啟示。

　　案例一：二〇〇六年七月，加拿大送貨工凱爾‧麥克唐納開始在一個名為Craigslist.org的交易網上展出自己的一枚紅色迴紋針，他希望用

它換回一些更大或更好的物品。最終,他用這枚迴紋針換來了一套雙層公寓的一年免費使用權。麥克唐納雖然沒有換到別墅,但用一個迴紋針換來的一切已經非常超值了。

案例二:動一動手中的滑鼠就可以改變一座大樓的色彩,這有點不可思議吧!但是這確實是千真萬確的事情。索尼公司為液晶電視「BRAVIA」推出了一個為期三個月的互動行銷活動──「Live Color Wall Project」。活動期間只要你從索尼特設網站上放映的BRAVIA的影片中,用「滴管」形式的滑鼠游標選擇自己喜歡的顏色,「滴」在螢幕裏的索尼大樓上,位於銀座的索尼大樓牆面上的LED燈,就會在瞬間變成這種顏色。獲得二〇〇八年克里奧廣告金獎的這個案例最大的看點就是互動,人們可以透過DIY的方式為索尼大樓染色,感受千變萬化的色彩。

第一個案例近乎童話,一般人都不會去做這樣的夢,因此第一個吃螃蟹的人將最有可能成功,當然這個賣點要夠獨特,麥克唐納就是以一個不可能的事件,透過網路的無限放大而使之成為可能。

那麼如何複製才可能呢?首先,簡單模仿是不切實際的。就如同聖鬥士裏面的那句經典臺詞一樣,同樣的招數對於聖鬥士來說是不起作用的。同樣的創意完全複製一遍,第一次是經典,第二次則是垃圾。但如果稍加改變,則可能將別人的創意化為己用,取得二次行銷的效果。記住不要簡單抄襲。下面看中國本土一個模仿迴紋針換別墅的行銷案例。

二〇〇九年十月,在上海搜房網新港美麗園大酒店業主論壇中,一篇「帖子換房子奪寶大賽火熱報名中」的帖子甫一亮相便瞬間引爆了網友的眼球,它不斷刺激著購房者的神經:「六十萬房子三折任你搶」、另有十九名近三萬元人民幣的現金獎勵。這總價值四十萬元的獎品可以說是上海所有網路活動中,獎項最大的一次!參與的過程很簡單,只需要你來搜房論壇輕點滑鼠,發帖轉帖,便有可能讓你的帖子成為「史上最值錢的帖子」。這個活動其實就是迴紋針換別墅的翻版。

這個活動的影響力很不錯，上海媒體的聚焦、網友的積極參與讓這個活動很成功，也讓這個新酒店聲名大噪。我們將其視為迴紋針換別墅的翻版，但在這個行銷中，行銷策劃方對先前的案例進行了修正，這個修正很簡單，就是舉辦方會給予獎勵，也就是參與者中最終有人必然獲獎，以明確的結果來刺激網友和媒體。其實這就是將迴紋針換別墅的過程逆轉過來，不是以「帖子換房子」了，而是以「房子換帖子」。獎品現成，只看誰來參與了。

下面再來看前面介紹的案例二，這個案例的特殊之處就在於它同樣做到了異想天開、奇之又奇。索尼在這個行銷中，最大的賣點就在於互動，讓玩家不可能不想去改變大樓的顏色，這在過去根本不可能，而索尼提供了可能性。其實索尼不是第一次使出這個招數，或許很多人對索尼出品的PS系列遊戲機有印象。它們在最初推出此遊戲機之時，在電視上推出了大量有著同一主題元素的電視廣告片，電視廣告片中所有的場景不可能實現的事件卻被實現了，這個共同的訴求告訴你，在PS遊戲機上，你所有的夢想都可以得到實現。而這次，索尼將這一經典創意從遊戲機上搬到了液晶電視推廣上，將電視廣告變成了虛擬加現實的雙重結合。

同一主題的二次創意，讓行銷換一換角度，換一換思路，同樣產生了極好的效果。

微博上切記不要欺騙

這麼一說，或許有不少人會覺得可笑。因為在中國不少出名的炒作恰恰是建立在欺騙的基礎上的。首先它們不斷地引導你去好奇，去猜測，結局的大幕拉開，原來是廣告。在某種程度上，這是引導式行銷，但實際操作中，很多網路行銷策劃人員在過程上非常不注意，結果導致了行銷上偏離了真實，以失敗告終。各位不妨去看看曾經喧囂一時的迴

紋針換別墅的山寨推廣策畫案例。

二○○六年年末，一個名叫艾晴晴的超女選手模仿麥克唐納的「迴紋針換別墅」案例，在中國進行山寨版推廣。該女孩開始實施為期一百天的「迴紋針換別墅」計畫。在這一百天中，該女孩透過最初的一枚迴紋針順利交換到照片、手鏈、高檔白酒、樂器甚至香港明星的化妝鏡等物品，每次交換她總能獲得更有價值的物品。最後，該女生沒換到別墅卻換到了一份娛樂公司的簽約書。

結果事情並沒有如幕後推手立二策劃的那樣發展。立二稱在捧紅艾晴晴後，艾晴晴就撕毀了與他所簽的相關和約。立二在接受媒體採訪時說：「我策劃了該事件，但最後這個事卻好像與我無關，她不顧潛規則，我也顧不了那麼多了。從今天開始，我要向受欺騙的網友公布真相，即使大家罵我，我也要全說出來！」

就在立二拋出一系列證據顯示「迴紋針換別墅」乃自己一手操作後，不少網站均以「驚爆：迴紋針換別墅是場大騙局」、「中國版『迴紋針換別墅』竟是場騙局」等標題的報導爭取注意。然而，記者在各大論壇上瞭解到，不少網友對於這個後續事件並不十分反感。有不少網友留言聲稱，自己早已看穿這是一起炒作事件，如今出現的局面只是兩人利益分配不均的寫照。在某知名網站論壇的調查中，超過半數網友對此的感想是「很平和，早覺得這事就是個騙局」。

這一宣傳其實是針對個人的包裝和一次目的性不太明確的企業推廣，然而立二最大的失敗在於他從一開始進行策劃的時候，就本著「欺騙」的原則。國外的同類策畫，基本上沒有商業元素，那是麥克唐納基於個人福祉的一次創意行銷，媒體只聚焦到了他進行交換的後期，而他本人最終也不過是換取了一個住宅一年的居住權，並沒有真正換到別墅。而立二則以一個很虛假的噱頭式炒作模式進行包裝。

立二從一開始就過於高調地宣傳了此次策畫，該事件一開始交換就有媒體聚焦、論壇跟進和網誌推廣，有圖片、有影片，過高的媒體曝光

度讓所有人從一開始就對這一事件存在極大的懷疑。大家依舊將其視為一個娛樂新聞看待。即使沒有立二和艾晴晴的互相拆臺，沒有一開始就過分熱烈的媒體聚焦，這個策畫也非常不成功。這都源於立二將所有網友當做傻瓜來矇騙。在大多數網友都看穿了這是一場拙劣的炒作的前提下，還繼續將其偽裝成一個網友自發的行為，沒有任何包裝背景，更顯可笑。

我們必須要記住一點，或許一兩次狼來了不會有人識破，但天長日久，策劃者終會頻頻失誤。

TIPS：微博粉絲產業鏈

如果粉絲不夠多，不能成為廣告公司尋找的目標，也無妨。「出名」是可以買來的。在淘寶網上，已經湧現出大量出售微博粉絲的店鋪。

在各種名為「粉絲」的店鋪中，粉絲的價格不等，分類詳細。有的是十個粉絲人民幣一元，但更常見的促銷模式則是打包買賣，比如被冠以「高品質、永久粉絲」稱號的商品，促銷價格是一百人十六元。要是批發的話，三萬個高品質的永久粉絲的優惠價格為二千三百九十九元。店鋪對於「高品質、永久粉絲」的定義為：「每個粉絲都有五六百個自己的粉絲和不同數量的博文，有一定的活躍基礎，而且會不定期活動，全部是高品質的粉絲，技術過硬，所以我們鄭重承諾：如果粉絲掉了，包補齊。」

人們還可以專門購買評論和轉發，五十條評論的價格為二十八元，一百次轉發則為十元。這裏的「評論」是「全天均勻發布、有內容針對性的高要求評論」。

如果你想省事，還可以購買店鋪推出的套餐。「新浪微博粉絲一千五百人＋轉發五百條＋評論一百條」的價格為一百九十九元，「微

博粉絲一千人＋轉發四百條＋評論二十條」的價格為二百二十九元。

除了發帖的內容可以交易，微博的另一個盈利之道是帖子的來源。

位於美國芝加哥的一家通信公司稱，世界盃期間，該公司曾送給通信界一位活躍博主一款新上市的手機，價格在五千元左右。而該通信公司對這位博主的要求只是「多用這款手機發微博」。

遠在約翰尼斯堡的這位通信界人士，在網上人氣頗旺。每當看到一番新奇景象，他都會發一則微博，後面寫著「發自我的iphone」、「發自我的三星手機」、「發自我的摩托羅拉」。他常常隨身帶著三到四款手機。

上述廣告公司人士稱：「傳統的廣告等傳播方式是推向別人，別人是被動的、躲避的。而微博是用你的智慧、美來吸引別人關注你，是主動吸引的力量。」

> 微博的核心概念——讓人們找到你，讓人們關注你、瞭解你。同時，讓人們信賴你！

第三章

標籤和名稱——讓別人找到你，關注你，「粉」你

微博為你提供的所有功能都有其獨特的作用，它們之間是相互關聯、相互依存的。因此你開微博之初，一定要把微博為帳戶提供的所有功能資料都填寫完整。

這是對微博整體的最好優化。事實上，這也是微博被各大搜索引擎關照的重要原因。

絕大多數新手認為標籤、名稱都要簡短易記。

錯！事實恰恰相反！成功的名稱，無論在淘寶網、百度、谷歌等都能被搜到。標籤的關鍵字是重中之重！需要你妥善安排。你一定要把自己的產品，或者網店名稱寫在最前面，名稱後面加上一些關鍵商品分類的詞。

示例：「衣錦新記周年特賣場二〇一一時尚男士」

當然，有些人為了能夠讓人記憶深刻，會考慮一些怪異的名字。比方說，你正好從事化妝品的製造與販賣，於是異想天開，欲用「海洛英」做標籤，而讓粉絲來關注。這樣做，首先可能會被搜索引擎遮蔽掉。

從常理上來說，你的微博名字要充分體現你業務的性質，所以必須

樹立一個名稱突出主營項目。

比方說，你是從事手機銷售的商家，那麼針對這個行業關鍵字，你至少要選擇下列其中一個作為關鍵字：

一、中國匯通手機公司／匯通手機公司／匯通手機（重點突出「匯通手機」）。

二、手機報價／3G手機／手機報價公司（突出「手機」，並把「手機報價」這個熱門關鍵字收錄進來）。

三、匯通手機／高級配件／手機報價／中國匯通手機公司（列出「手機」、「配件」、「報價」等多個關鍵字）。

四、手機專賣店／手機專賣場／品牌手機專賣（突出「手機專賣」）。

五、中國匯通牌手機／匯通品牌手機／品牌手機專賣（突出「品牌手機」）……

在搜索引擎中檢索資訊都是透過輸入關鍵字。因此標籤和名稱的設計是整個微博宣傳過程中最基本、最重要的一步。

SEO怎麼為你排名？

既然要讓別人找到你，你就必須瞭解搜索引擎優化是怎麼回事？首先我們要從搜索引擎的基本工作原理開始講起。

每一個搜索引擎的功能基本上都差不多，工作原理也類似。怎麼說呢？其實它們都是谷歌的山寨版，因此，一切只要以一個搜索引擎來作為核心目標，其他的就好辦了。搜索引擎的排名從原理上可以分成以下幾步。

一、發現、蒐集資訊

搜索引擎會排出一個能夠在網上發現新網頁並抓取檔案的程式，我們通常把這個程式叫做「網路蜘蛛」程式（Spider）或者機器人（robot）。一個典型的網路蜘蛛工作的方式，是查看一個頁面，這個頁面是蜘蛛已知的頁面，它能從中找到相關資訊，這有點類似正常用戶的瀏覽器工作原理，在瀏覽和抓取完這個頁面的資訊之後，「蜘蛛」開始繼續爬行，從該頁面的所有聯結中出發，繼續尋找相關的資訊，依此類推，直至窮盡。就像我們常用的瀏覽器，看完一個頁面，存下來，放進資料庫，然後繼續看……

網路蜘蛛要求快速、全面。網路蜘蛛為實現極快速地瀏覽整個網際網路，通常在技術上採用搶先式多執行緒技術實現在網上聚集資訊。透過搶先式多執行緒的使用，你能索引一個基於網址聯結的網頁頁面，啟動一個新的執行緒跟隨每個新的網址聯結，索引一個新的網址起點。

當然在伺服器上所開的執行緒不能無限膨脹，它需要在伺服器的正常運轉和快速蒐集網頁之間找到一個平衡點。在演算法上各個搜索引擎技術公司可能不盡相同，但目的都是快速瀏覽網頁頁面並和後續過程相配合。目前在中國的搜索引擎技術公司中，比如百度公司，網路蜘蛛採用了可定制、高擴展性的調度演算法，使得搜索器能在極短的時間內蒐集到最大數量的網際網路資訊，並把所獲得的資訊保存下來以備建立索引庫和用戶檢索。

二、建立索引庫

搜索引擎抓到網頁後，還要做大量的預處理工作，才能提供檢索服務。其中，最重要的就是提取關鍵字，建立索引檔。除此之外還包括去除重複網頁、分析超聯結、計算網頁的重要程度。

能否完成這個工作流程就看搜索引擎是否強悍了。網路蜘蛛抓取完頁面之後，這些頁面總有個歸屬，搜索引擎的索引程式此刻就開始運動

了。因為這關係到用戶能否最迅速地找到最準確、最廣泛的資訊。搜索引擎透過索引程式，將蜘蛛抓取回來的頁面進行分解和分析，建立一個巨大表格，放入資料庫中，從而極快地建立索引。大多數搜索引擎在對網站資料建立索引的過程中採取了按照關鍵字在網站標題、網站描述、網站URL等不同位置的出現或網站的品質等級等建立索引庫，從而保證搜索出的結果與用戶的查詢串相一致。

三、搜索詞處理

這是對前兩個過程的檢驗，主要是檢驗該搜索引擎能否提供最準確、最廣泛的資訊，檢驗該搜索引擎能否迅速地提供用戶最想得到的資訊。對於網站資料的檢索，搜索引擎採用Client/Server結構、多進程的方式大大減少了用戶的等待時間，並且在用戶查詢高峰時伺服器的負擔不會過高（平均的檢索時間在零點三秒左右）。對於網頁資訊的檢索，百度公司的搜索引擎運用了先進的多執行緒技術，採用高效的搜索演算法和穩定的UNIX平臺，因此可以大幅縮短對用戶搜索請求的回應時間。

四、SEO的基本步驟

那麼到底什麼是SEO呢？SEO其實就是搜索引擎優化的簡寫，明白講，就是讓用戶能夠搜索到你希望他們搜索到的結果。

但這一切都是有基本原則的，即透過採用易於搜索引擎索引的合理手段，使網站對用戶和搜索引擎更友好，從而更容易被搜索引擎收錄及優先排序。SEO是一種搜索引擎行銷指導思想，而不僅僅是對百度和谷歌等的排名。SEO工作貫穿網站策劃、建設、維護全過程的每個細節，如果你僅僅是為了SEO而去SEO，那不管你怎麼努力，就算讓你的排名很前面，其結果都將是不理想的。

SEO主要有以下幾個基本步驟。

關鍵字分析——這是微博SEO的起點，無論是建站者還是SEO者都需要進行關鍵字分析。很多SEO對這個步驟不是很重視或很隨意地去做這些事。

聯結戰役——聯結是微博、微博及站內互聯的編織者，好的聯結可以提升網站的排名和PR值。

排名報告和分析——觀察搜索引擎排名是最令人激動的事情，看到自己人氣上升的時候你會欣喜若狂，看到自己的排名下降的時候你會情緒低落，這成了專注於自己網站SEO的人的生活。你可以隨時觀察搜索引擎的排名，根據排名的變化去調整自己網站的內容等等。

微博名稱——千萬要注意的忌諱！

有時候註冊的名字已經滿了，很多人就只好找些生僻的名字來註冊，這應該要注意。這倒不是迷信，而是大多數人都不會搜索忌諱的詞語。

一忌：用不吉字

含義不吉利是商業命名的大忌。因為它不但會讓人對名字的主人產生不好的聯想，更重要的是它會影響到別人對主體的接受度，不論主體是一個人、一個企業，還是一件商品，甚至連政治也會受到影響。對於商品來說，一個不吉利的名字則意味著它將失去大量的生意。據說在香港曾爆發過一場「白蘭地」（法國）和「威士忌」（英國）的銷售大戰。結果「白蘭地」售出四百餘萬瓶，「威士忌」卻只售出十萬瓶，相當於「白蘭地」的一個零頭。論品質和知名度，「威士忌」都不比「白蘭地」差，那為何「威士忌」一敗塗地呢？

經調查分析，問題出在「威士忌」這個中文譯名上。「威士忌」？連威士都忌怕，誰還願買？再看看「白蘭地」，這一個多麼充滿詩情畫

意，令人喜愛的名字！

從這個例子我們可以看出人們在購買物品時，其實不是單純地在購物，還在購買一個看不見的東西，這就是吉利。

二忌：雷同近似

「見不得人家好」好像是國人的通病。你取了三個字品牌，我就設法讓自己兩個字與你一樣，好混淆視聽。你叫「瓊瑤」我叫「驚瑤」；你是「三笑」，我就叫「三笑2011」；你是「寂寞七星」，那我變成「寂寞八星」……

上述還是溫文儒雅的雷同、類似手法。更可惡的是，有人乾脆來個諧音。

其實這問題很簡單就能解決，你可以將職業名稱放在前面，比如「菸灰」這個詞，在微博上被註冊的有「寂寞的菸灰」、「指尖的菸灰」、「想念的菸灰七八九九」……仔細想想有意思嗎？看這些「菸灰」裏，又有幾個是賣香菸的？你大可以叫「淘寶網一菸灰」、「出版人菸灰」、「求職的菸灰」，既能註冊，也能直接說明你的目的。

三忌：用偏字

網店名稱是供消費者呼叫的，本應考慮到用字的大眾化問題，然而令人遺憾的是，有些商標在起名用字上存在著一些十分嚴重的問題。有些人之所以使用冷僻字起名，是為了能給自己的店取出好名字讓自己的店引人注目。殊不知，實際情況恰好相反。好的名字正像好的文章一樣，是在平淡中見神奇，而不是靠以冷僻字、多筆劃字和異體字出彩。「四通」、「方正」、「金利農」、「康師傅」這些悅耳動聽的名字，哪一個不是常用字？有部分網店給自己的名字用上了火星文，我想你八輩子也很難被人搜索到，儘管這很炫目。

四忌：語意隱晦

語意隱晦是指語言過於深奧，別人看不懂。就像選用冷僻字一樣，意思雖好，沒有人懂，也沒有意義。

企業微博的關鍵字獲取步驟可以從以下幾個方面入手。

一、和團隊成員討論

一個人的想法和智慧是遠遠不夠的，你可以把瞭解微博的人召集起來，讓所有的參與者都來提出他們的想法，然後將每個人的關鍵字集中起來，去除錯誤的選擇並按順序排出最重要的關鍵字。

二、利用搜索引擎自身提供的相關關鍵字

每個搜索引擎在列出關鍵字搜索結果的同時，還會提供與這個關鍵字相關的其他組合詞，這些被人們稱為長尾關鍵字的流量不容忽視。

三、參考微博的搜索工具

用站內搜索，可以研究這些搜索者輸入的關鍵字列表丟掉了什麼詞。這些站內的搜索結果可以讓你發現搜索者最關心什麼內容。

四、觀察競爭對手

花點時間看看你的競爭對手使用了哪些關鍵字，當然你的競爭對手使用的關鍵字並不一定就是最好的關鍵字，這只是給你提供一些參考而已。

當然除了以上的方法之外，還有很多途徑可以獲得關鍵字建議，比如在你的微博上做一個訪客調查等。獲得這麼多的關鍵字之後，我們需要把這些詞按優先順序進行分級。

最高優先順序。關鍵字與你站點的內容非常匹配並且很受歡迎，最重要的是有比較高的轉化率。

中等優先順序。這種關鍵字與你的站點內容是比較匹配的，並且有

一定的流行度，而且有可以接受的轉化率。

低優先順序。關鍵字與你的站點內容很匹配，並且有很多的搜索，值得做付費競價，但是並不值得做自然搜索引擎優化。

很明顯前兩個是我們想要的關鍵字，不過低優先順序關鍵字不能放棄，因為要長期做競價，這是建立品牌認知不可缺少的步驟之一。

抓住你的心理，突出我的標籤

好多人在設計標籤的過程中都不自覺地陷入各式各樣的盲點，儘管絞盡腦汁，結果卻常常不盡如人意。

一、標籤意義太廣泛

選擇用意義太廣泛的詞作為標籤：如果你是生產女裝的廠家，也許你想以「女裝」，「服裝」之類作你的標籤，請不妨拿「服裝」到谷歌試試吧，你會發現搜索結果居然超過幾千萬，想在這麼多競爭者當中脫穎而出談何容易，相反，在「短袖」、「長袖」、「背心」、「吊帶」等這類具體詞下的搜索結果則少得多，用這樣的詞你才有更多的機會排在競爭者的前面。因此根據你的業務或產品的種類，盡可能選取具體的詞，使用意義更為精確的標籤，可限定有可能轉化成你真正客戶的來訪者。

解決方案：注意不要使用單字作為標籤，兩到三個字長度的短語（我們稱其為「關鍵字」）為最佳。選取恰當關鍵短語的平衡點在於要確保所選標籤兼具良好競爭力和合理的搜索結果數量。既要保證該標籤有相當數量的搜索頻率，又要保證它不會產生上百萬搜索結果頁。

二、標籤和自己產品不相干

用與自己的產品或服務毫不相干的標籤：有些人為了吸引更多人訪問，在自己的標籤中加入不相干的熱門標籤，那樣做有時的確能提升微

博的訪問量，但試想一個查找「MP3」的人，恐怕很難對你生產的布藝沙發感興趣。既然你的目的是銷售產品，那麼靠這種作弊手段增加訪問量的做法不僅討人嫌，而且毫無意義。

解決方案：還用說嗎？還是名副其實的好。

三、不對標籤進行測試

使用未經測試的標籤：好多人在選出自認為「最佳」的標籤之後，不經測試便匆匆提交上去。這是否真的「最佳」，你最好還是去測試一下。

解決方案：你可以借助網上提供的免費工具來進行標籤分析，像WordTracker、Overture、Keyword Generator等，這些軟體的功能一般都是查看你的標籤在其他網頁中的使用頻率，以及在過去二十四小時內各大搜索引擎上有多少人在搜索時使用過這些關鍵字。如WordTracker有效標籤指數（KEI:Keyword Effectiveness Index）會告訴你所使用的標籤在它的資料庫中出現的次數和同類競爭性網頁的數量，KEI值愈高說明該詞愈流行，並且競爭對手愈少，一般KEI值達到一百分就算不錯，如果能超過四百分，那說明你的標籤已經是最佳的了。

四、標籤數量太多

有些微博的設計者恨不能在主頁中把所有的標籤都優化進去，因此在其微博的主頁標題中堆砌了大量標籤，以求改善排名。殊不知這只會使事情變得更糟。我們對主頁的優化應限定於最多兩個重要標籤。

要確保你的主頁標題的長度最多不超過七個詞（三十個至四十個字母，即十五至二十個漢字之間），如果一個微博其主頁的標題標籤中包含十個以上的標籤，則沒有一個標籤能夠滿足較高排名所要求的標籤密度。這樣一來，這些標籤中就沒有一個能夠在搜索結果中獲得比較高的排名。尤其對那些比較熱門的標籤來說，要想在激烈的競爭中獲得比較

好的排名，就要對標籤密度有更高的要求。

對於其他的標籤你完全可以在別的網路管道中分別做相應的優化，沒必要都擠到微博中去。對於大型微博，你最好讓每個網頁都擁有不同的網頁標題，而且每條微博基本都含有標籤，讓微博的內容能更進入搜索引擎的索引範圍。

解決方案：對主頁的優化應限定於最多三個重要標籤。如果你的標籤太熱門，為了提高競爭力，你最多只能圍繞一至二個標籤進行優化。在主頁、標題、META標籤中應圍繞最多三個最重要的標籤進行優化。

五、標籤又臭又長

盲目重複頁面標籤：標籤密度（即關鍵字與一個頁面中排除html代碼後內容的百分比）的大小對微博的排名有直接的影響，但這絕對不是說出現次數愈多愈好。有人為了增加某個辭彙在網頁上的出現頻率，而故意重複它，如在標題欄出現「海爾海爾海爾」之類的字樣。不過，現在很多搜索引擎都能識破它，它們透過統計網頁詞彙總數，判斷某個詞彙出現的比例是否正常。一旦其超過「內定標準」，不僅會被視為無效，從而降低微博分值，還可能永遠將你的微博拒之門外。

解決方案：使用標籤時，要儘量做到自然流暢，符合基本的文法規則，不要過分刻意重複某個標籤，避免列舉式的出現。

六、錯誤標籤優化

加入錯別字標籤（多用於英文）：不要讓某個與你的微博、個人簡介內容有關的詞經常被錯拼，你應考慮到一般人不會以錯別字作為自己的目標標籤。

你也許打算用它來優化網頁，那麼一旦有用戶用這個錯別字進行搜索，就會為你帶來額外的訪問量。事實上，儘管根據標籤監測統計報告表明，有些錯別字出現的頻率並不低，但分析一下這些錯別字可知，一般都是由於客戶一時的粗心造成的。

如此一來，使用錯拼標籤很多時候不但不能為你帶來額外的收益，

而且影響微博的權威性，甚至讓偶爾失誤的客戶對企業的資質、實力產生懷疑。更何況目前些搜索引擎（如谷歌）都增加了自動拼寫檢查功能，所以，加入錯別字標籤優化網頁還是不值得提倡的。

解決方案：搜索引擎雖然不認識你，但你也別做白字先生。

七、抓住買家心理優化標籤

這是銷售心理學的範疇，不過確實很有用。其實買家心理都是共通的，關鍵看你如何去把握。通常情況下，買家在搜索時會出現以下幾個共通特徵。

搜產品名——產品名最好與產品類目詞相同，而且要將產品的特徵體現出來，與網上其他賣家的同類產品也不要相差太遠。比如：一件Disney的米老鼠圖案哈衣（連身爬爬裝），一定要包含哈衣（這是童裝分類下的產品類目詞）、Disney、米老鼠（這是代表該產品特徵的標籤）。這種搜索方法是剛來淘寶的買家最常用的，這部分買家一定會多逛幾家賣相同產品的店，貨比三家後才會下單。價格、店鋪裝修、寶貝描述相符程度、評價、服務態度等將是其決定最後成交與否的重點因素。

搜功能詞——指好評、人氣、特價、特賣、熱銷、正品、促銷、贈品、含郵等辭彙。搜這類詞彙的買家最關注的點就體現在這些詞彙上，當店鋪進行某些優惠活動或者某款寶貝銷售情況火爆的時候，你一定要在寶貝的標題中亮出它的特色！

搜品牌——搜索品牌名的買家買東西的目標很明確，來淘寶買品牌貨一是為了便宜，二是為了方便，掌櫃們找到有競爭力的貨源，取得價格上的優勢之後，一定要在店鋪中及時表明自家寶貝的「正身」，讓買家放心。

多次組合搜索——比如「品牌」詞彙加「功能」詞彙，這類買家一般在網路上已經累積了一些購買經驗，抓住這類買家要靠紮實的品質和服務，留住了他們就等於留住了一個免費的口碑，這比任何廣告的效果都要好。

既然知道了網友的搜索特徵，你選擇標籤就容易多了。以下這三大技巧將幫助你有效成功。

一、站在客戶的角度考慮

潛在客戶在搜索你的產品時將使用什麼標籤？這可以從眾多資源中獲得回饋，包括從你的客戶、供應商、品牌經理和銷售人員那裏獲知其想法。

二、將標籤擴展成一系列短語

選擇好一系列短語之後，可用網路行銷軟體對這些標籤組進行檢測，該軟體的功能是查看你的標籤在其他網頁中的使用頻率，以及在過去二十四小時內各大搜索引擎上有多少人在搜索時使用過這些標籤。

最好的標籤是那些沒有被濫用而又很流行的詞。選擇標籤的另一個技巧是使用罕有的組合。有效標籤指數將告訴你所使用的標籤在它的資料庫中出現的次數和同類競爭性網頁的數量。尋找那些可能對你的網頁產生作用的標籤。

三、進行多重排列組合

你可以改變短語中的詞序以創建不同的詞語組合，即使用不常用的組合，組合成一個問句，包含同義詞、替換詞、比喻詞和常見錯拼詞。選擇包含所賣產品的商標名和品名。使用其他限定詞來創建更多的兩字組合，三字、四字組合。例如，如果你的標籤是「寬頻」，你可能遇到像「數位寬頻」、「數位無線寬頻」、「無線數位寬頻」、「寬頻加速」、「寬頻新聞」、「數位無線寬頻新聞」、「數位無線通訊」等詞語。如果標籤是軟體解決方案，不妨試一試流量分析軟體解決方案、流量分析報告、流量報告工具、B2B軟體解決方案、電子商務軟體解決方案等等。需要注意的是，標籤組不一定要有意義，雖然在你進行組合時，它們必須具備相關含義。

四、使用專業概念詞彙以限定來訪者

讓你的標籤組概念更明確，如電子商務軟體。要做到能夠專業明確以使詞語不至於太廣泛，如電子商務軟體解決方案、電子商務安全解決方案、B2B電子商務軟體。

> 　　名人可以透過自己的話題引發熱烈討論，素人也可發表自己真正感興趣或者有思想的言論來引發熱議。
> 　　這是無可非議的事實，也許下一個名人就是你。

第四章

下一個微博名人就是你

　　對於明星而言，最難割捨的就是人氣和各種各樣的消息。風平浪靜，對他們而言絕對是一場災難。用什麼樣的方式來收買人心，就成了當務之急。

　　幸運的是，微博的出現打開了另一扇窗。

　　於是就有了這樣的故事：

　　歐巴馬在競選總統期間，利用推特號召更多人為他捐款和投票，並最終戰勝了希拉蕊。

　　姚晨的微博上高掛著一顆滷蛋。

　　趙薇細細碎碎地編織著她的柴米油鹽。

　　李宇春拿來當日程通告。

　　黃渤在領獎之餘還不忘發表獲獎感言，將微博當成了領獎臺。

　　王菲穿著馬甲逗你玩。

　　……

　　那種一呼百應的感覺具有極大的誘惑力。對於名人而言，一個簡單的心情留言可能引來數以萬計的關注者，這是任何生活在聚光燈下的人

物無法抗拒的。其實質是個人影響力的提升，大多數人都會為此著迷。

名人可以透過自己的話題引發熱烈討論，而素人也可發表自己真正感興趣或者有思想的言論來引發熱議。

這是無可非議的事實，也許下一個名人就是你。

當然，不管怎樣，成名之前，請想清楚什麼是你想要的，你有沒有為這一目標而努力奮鬥甚至付出加倍汗水的決心。如果有，恭喜你，因為你已經做好了準備，那還等什麼，朝你的目標前進吧。

幸運的是，有了網際網路，有了微博，也就有了這樣的幸福場所。

八個關鍵字說出人氣祕密

一個帳號、一張照片、一首歌，一段影片，一百四十個字……這就是微博。明星作為最易製造新鮮事，最喜歡得到關注度，最希望擁有粉絲群的主體，微博更成了他們活躍的陣地。並且，不必再像接受訪談時那樣故作高深地擺出架勢，也不必搜腸刮肚地寫網誌秀文采；更不用擔心身在片場、機場、交際場而影響了與粉絲的交流……

微博，讓名人有了卸下包袱狂歡的地方，也成了快速聚攏人氣的宣傳舞臺。

一百四十字的微語言，在極短的時間內，由無數認識或不認識的人彼此關注、評論和轉發，聯結起整個社會的神經末梢，無數神經的密布交叉，形成一個真正的網狀組織，資訊開始核聚變。這個網縮短了人與人之間的距離。

姚晨在訪談中說，「新浪微博的出現，就像打開了一扇窗，把大家都召集進來，召進一個房間，像一個沙龍一樣。雖然大家都不認識，卻可以坐下來聊一聊，尋找氣味相投的人去聊天。」

而名人與微博影響力的雙向擴大，是由媒體性質決定的。

名人擁有微博，等於擁有一個由個人主宰的媒體，把這個媒體做

大，做出影響力，其宣傳效果是巨大的。反過來，新浪微博短時間內在傳統網路媒體裏搏殺出位，也是在名人人氣的推動下水漲船高。利用好這個平臺，是謂雙贏。

要想真正靠微博走紅，除了重要的粉絲基礎，怎麼經營也是種技術。我們不妨從一些熱門人物的微博裏找到幾個關鍵字。

一、V認證。這是博取關注方式的必經之路，就像做生意一樣，要下點本錢。得到新浪的VIP認證，就得到了系統推薦，明星在這一點上有先天優勢。

二、要真誠。像姚晨一樣，有一顆真誠的心很重要，要有幽默感，並敢於自嘲，敢於調侃自己，大膽表現自己的七情六欲。

三、敢爆料。在保護自己的同時，敢於巧妙地爆一些個人和周邊的事情，滿足粉絲的好奇心和偷窺欲。注意語氣，不能胡亂表態為己樹敵，娛樂就是娛樂，不要傷了自己。

四、擅網語。不能是網路菜鳥，一定要熟悉和掌握時下網路生態、語言、行為模式。如擅用：「必須的」、「給力」、「V5」等；明白「囧」、「Omg」的含義；會寫「內牛滿面」、「雞凍萬分」；懂得發表情圖片，並掌握發照片代替文字展現自己的技巧，知道什麼是網友所喜聞樂見。

五、多關注。要想被關注，必須先關注別人。不需要關注太多的人，但需要關注其他微博紅人、意見領袖，一旦得到他們的支持，被他們轉發，效果非同凡響。關注別人不僅顯示了網路的精神和微博的特質，也可以及時瞭解一些微博熱門動態，適時適當地發表一些評論、轉發，不僅可以得到原發網友的支持，也給看帖網友很親切的感覺。

六、有主見。身為一個公眾人物，要有自己的聲音和態度。既不能極端，也不能隨波逐流，適當的有主見和態度的評論會獲得一片喝彩。話不能少，但也不要太多，一定要保持話題的連續性和不間斷。

七、懂回應。掌握回應粉絲的技巧，要有所選擇地回應。面對善意和表揚的留言要謙虛幽默；面對批評要勇於承受，並態度可愛；對他人的意見、建議要懂得說「謝謝」。

八、不利用。不要對粉絲表現出赤裸裸的利用，不要利用微博做毫不掩飾的廣告。說到底，你的真誠、幽默、熱心依然是最好的廣告和宣傳。

微博平臺的江湖邏輯

「京東」劉強東有一天這麼說：「一個同學告誡我說少在微博談公司和行業的事情，避免被攻擊；另一同學告誡我別在微博上談社會，小心被整；還有一朋友告誡我別在微博上談論風花雪月，影響形象；昨日又一個朋友告誡我別在微博談諸如做菜等生活之事了，不像個企業家；今日我要告誡我自己：做個真實的自己，想說什麼就說什麼！」

話雖如此，但歷經了諸多事件的微博企業家們，也逐漸懂得微博平臺上的江湖規矩。那是與他們現實生活中看到的完全不同的，充滿漩渦的另一個世界。

江湖是什麼？江湖就是人心。當企業家透過微博這個赤裸裸的江湖，開始與上下游的企業客戶、普通消費者、廣大百姓大膽進行親密接觸時，在他們的頭腦中，又有著怎樣的「江湖邏輯」？

養兵千日，用在一時

在微博這個平臺上，並不完全以企業的大小來衡量企業家是大人物還是小人物。個人魅力高於企業魅力，以至於有些企業家的個人微博，比其所執掌的企業微博要火熱得多。

某知名文學網站執行長，擁有三十八萬粉絲，遠遠超過該網站官方微博的粉絲量，這位執行長時而轉發網路上流行的短文，時而表達自己

的見解。這中間既有「人們喜歡去比較正確的事和正確地做事，且一般認為前者更重要」這樣一本正經的經驗指點，也有「我最近怎麼這麼無聊地喜歡看《非誠勿擾》，看到動人處便高興地在床上打滾。哈哈哈哈哈哈哈哈」之類的插科打諢。

固然，有時他也談自己的業務、工作和書刊，但閒聊仍占據微博內容的很大部分。

從這些閒聊中，粉絲們可以知道，日本核電廠危機中，他敬佩搶救的員工；搶鹽事件對他來說，只是笑料；至於其他的本土新聞他也很關注，很多時候，他站在弱勢群體那邊。

但這只是平時──還用不到他巨大影響力的時候。無奈之下，他也只能繼續蟄伏，但他覺得，只是時運不濟而已，他仍然在策劃著下一次的爆發。

養兵千日，用在一時。當他經過精心籌備蓄力，拉起焦點話題，引領三十八萬粉絲觀點的時候，威力仍是巨大的。而在那之前，平平淡淡才是真。

給人講道理，而不是講真理

有些企業家不甘於平淡，努力要在江湖上樹立起自己倔強率真的形象，勇於挑戰江湖中的大趨勢。

某總裁有五十萬粉絲。在某案件激起網友憤慨，紛紛要求重判的時刻，他連發六條微博談「我為什麼反對死刑」，立即引來網友山呼海嘯一般的口水。他迅即作出回應，捍衛自己的觀點。沒想到這一強勢的回應，招來了更加猛烈的炮火。十幾分鐘之後，出言反駁的網友已經過百。

某總裁頓時只有招架之功，毫無還手之力，最後不得不無奈宣稱：「不聊了，你們快吃宵夜去。」當時是凌晨三點半。接著又有許多網友連環提問，他只能無力地回答：「今天不是我的微訪談。」

　　隨時隨地發生的訪談，就這樣每天進行著。不管你是誰，只要說出了想法，就會得到最直接、最坦白的回應。而且，回應的人通常是不顧及長幼之別、權位之序，還有閣下的臉面。精力不充裕、內心不強大的人，往往會被這樣的訪談搞得灰頭土臉。

　　所以，企業家們在學會發表自己觀點後，也要學會打太極，要麼表明只是個人觀點，要麼澄清自己只是講道理，而不是什麼真理，更不要把自己擺在權威的位置上。

該說不該說

　　除了一呼百應的江湖大老，許多企業家也選擇不在微博上發表意見、回應質疑。

　　某企業的創始人雖然是八〇後，但他從不在微博上浪費太多時間，他的微博內容，往往是用非常簡短的語言，表達對企業未來的期望和樂觀。比如：「下周的活動，讓人激動！」然後，所有評論一律不予回應。這顯然是因為，他認為還有許多比對付粉絲們更有價值的事等著他去做。

　　但不可否認的是，對於年輕的創業家來說，微博是重要的平臺，是一個值得好好經營的企業，是「個人媒體中心」。但什麼該說什麼不該說，還是有一定的學問。

　　一位知名企業家發出一則微博，你看到的是什麼？不是經過媒體層層編輯、層層修飾的長篇大論，也不是反覆揣摩、字斟句酌之後的演講辭，更不是精心包裝後光鮮炫目的廣告形象。不用開口，你知道他就是某某先生，因為第一，他的名字後帶著「Ｖ」，在微博這個江湖裏，這是一種身分的象徵；第二，他說出來的話原汁原味，確實是他。

　　在現實中，你與你身邊朋友的距離是一，與朋友的朋友距離則是二，朋友的朋友的朋友則是三；與頂頭上司的距離是一，與他的上司的距離是二，與最高領袖的距離不知幾層……但在微博上，所有人之間的

距離都是一。

這很好，只要@到一個人，就可以零距離地和你想要求教的人交流。即便對方不回應，只要關注他，也可以知道對方每天在想什麼、幹什麼。

這又很不好，因為「在網上沒人知道你是誰」的時代已經一去不復返了。你的每一句話都會被與你距離為一的無數網友發現，你的每一個觀點都會被質疑、每一次行動都會被拷問。

而企業本身，也深深受到企業家們的微博影響。

到最後，一切利害還是要自己來權衡為好。

隱蔽而浩大的草根微博行銷戰

小白是著名的星座控，每天都要去「星座愛情○○一」測一測自己的「桃花運」。一天她偶然發現該微博頁面上方掛上了一個網誌聯結。出於好奇她點進去一看，發現那是一家名為「淘精品」的導購網站，屬於樂樂久久旗下。「星座愛情○○一」在新浪微博上擁有一百九十多萬粉絲。

一場隱蔽而浩大的草根微博行銷戰已經打響。在新浪微博草根排行榜上，除了王菲與陳奕迅等名人的馬甲帳號之外，前五十名微博主中，加入微博行銷陣營的不在少數。

在微環境中實現大傳播

不是所有的素人名微博都能以出售廣告位的方式獲得收入，大部分ID還是以賺外快為主。

一些品牌廣告商和網路行銷公司需要他們。借力粉絲眾多的素人名微博，廣告主可以覆蓋更多的忠誠客戶及潛在目標客戶，在微環境中實現大傳播。

目前，蘇寧易購、聯想樂Phone、哈根達斯、樂得（Lotto）、歐珀萊等品牌的官方微博行銷活動非常活躍，品牌、產品和促銷廣告兼而有之，附送獎勵的促銷廣告更是受到普遍歡迎。

樂得為義大利時尚品牌，二〇〇九年授予李寧在中國進行特許產品的開發和製造權。為了得到活動送出的獎品——香水服裝，不少用戶主動上傳了活動需要的各類照片。在新浪微博上，以「玩味Lotto」為關鍵字的微博共計兩千多條，涉及多條以「時尚」、「街拍」為關鍵字的素人名微博，包括「環球街拍」、「歐美時尚街拍」、「女人天生愛美麗」等，後者的粉絲數為三十一萬。

蘇寧易購的一條節日促銷優惠的微博廣告，則將包括「星座愛情〇〇一」、「時尚經典排行榜」、「全球街拍」、「全球時尚最前線」和「女人天生愛美麗」等擁有大量粉絲的素人微博一網打盡。

「微博經典語錄」幾乎每天都有零散進項。這個ID在新浪微博上擁有近一百八十萬粉絲。轉發了多條其他官方帳號發布的產品或優惠活動消息，如青海衛視西部跨年晚會、聯想樂Phone、哈根達斯及四三九九遊戲等均是它的廣告客戶。其中，僅四三九九遊戲官方帳號的各類微博就被其轉發十次以上。

素人名微博之間的互動

在整合行銷思路的影響下，各個素人名微博之間也展現出千絲萬縷的聯繫。

「微博經典語錄」多次轉發了幾條以推廣增加粉絲數的應用為內容的消息，其中一個應用名為「粉絲匯」的推廣帳號，先後共關注了兩個ID，分別為「微博經典語錄」和「四三九九遊戲」——兩者之前的關係匪淺。

四三九九遊戲董事長、著名天使投資人蔡文勝在其微博上透露，他的公司最近來了一個新員工，該員工就是他透過微博認識的。

這位「九〇後」新員工原在廈門一個電鍍工廠上班，每天生產線工作十多小時，月工資二千多元。「他學歷不高，幾乎不懂網際網路，網路技術更是空白。」蔡文勝透露，這位年輕人偶然從廣播節目裏知道了新浪微博並註冊了帳號，每天利用很少的時間寫微博，至今逐漸累積了數十萬的粉絲。

這位四三九九的新員工就是李健雄，「微博經典語錄」的操盤手。

不僅如此，分別位居新浪草根微博第一名和第三名的微博主「冷笑話精選」和「精彩語錄」也在微博上與蔡文勝頻頻互動——蔡曾多次轉發「冷笑話精選」的微博，並有傳言蔡已買下「冷笑話精選」。相比之下，以上兩個帳號對於轉發廣告的行銷行為顯得更為謹慎。

因此，多名位居前列的草根微博被認為已歸入蔡文勝麾下。面對猜測，微博主們語焉不詳。「我們愛講冷笑話」則明確表示，不會考慮出售其經營多時的「冷兔」形象。「冷兔」是其微博「形象代言人」，該微博發布的大部分內容都會經過「冷兔」的圖文再創作，以強化其品牌形象。

那麼，這些草根微博的帳號背後是誰？他們經營微博的目的何在？從蔡文勝曾說過的一段話中可見端倪：「微博在未來一兩年可能呈現爆發式的增長，利用微博簡單迅速擴散式的傳播特點，站長可以很好地推廣自己和自己的網站。」

站長轉身

不少素人名微博的經營者，都曾有一個同樣素人的身分——站長。

「我們愛講冷笑話」是同名網站的官方微博，由易小天及其夥伴專職經營，在新浪、人人、騰訊等平臺都設有微博帳號。在新浪微博等平臺興起之前，站長易小天就已將「我們愛講冷笑話」網站打理成「中國最大的同類專業冷笑話網站」，並被多家導航網站幽默笑話欄目收錄。

成為知名站點之後，從二〇〇七年開始，易小天陸續累積了個人淘

寶網店、好看簿、墾一墾、度假啦等廣告客戶，也與各類平媒、網媒及SP等展開不同程度的合作。二〇〇九年九月，易小天在新浪開設了同名微博帳號，當時只是將微博視為網站的宣傳平臺，透過簡介＋聯結的方式推廣其網站。隨著微博用戶數進入爆發式增長，平臺黏性的增加，易小天開始將重心轉移到微博上來。透過短小的圖文資訊，鞏固「冷兔」形象。

與大部分素人微博不同的是，迄今為止，易小天不僅不打算出售「冷兔」，也沒有承接各類廣告投放。即使在經營網站的時候，也是選擇出售廣告位的形式。

易小天的選擇並非沒有商業出路。最近，一家名為Cheezburger、以發布「可愛的動物圖片＋搞笑的拼寫錯誤」為主要內容的網站，憑藉三億七千五百萬次的月訪問量，拿到了包括軟銀等幾家創投機構在內共計三千萬美元的投資。這給了易小天們極大的信心。「站長之王」蔡文勝相信，在微博時代，老一代的站長們一定會「浴火重生」。

同質化傾向

然而，無論是出售廣告位，還是獲得資本的青睞，微博時代的流量為王顯然已經演變成了「粉絲量為王」。這使得目前的大部分素人名微博之間，無論從內容還是微博帳號上都呈現出極高的同質化傾向。

以新浪微博為例，位居前列的多數素人微博，基本上都是以下幾種類型：各種心靈雞湯經典語錄、星座運程、時尚美容街拍以及笑話糗事。僅新浪草根微博前十名中，發布各種搞笑資訊的微博就占了三席。而究其原因，這類資訊之所以受到站長們的普遍青睞，恰恰是因為從短期來看更「好賣」。

微軟工程師張思成曾對關注星座資訊相關微博的用戶作過調查，發現女性用戶明顯居多。於是，以「星座」、「時尚」、「街拍」為關鍵字的微博帳號與導購、美妝護膚等企業找到了共同的目標客戶。微博類

似細胞分裂式的爆炸式傳播特點，恰恰非常適合這類客戶。尤其是電子商務網站，這兩年推廣費用連創新高，令一些成長中的企業不堪重負，也因此更為青睞微博這種低成本的行銷手段。

一些網路行銷公司開始成為轉發廣告的業務仲介。根據粉絲數量多少，微博廣告的報價從幾百元到幾千元不等。

某網路行銷公司提供的報價單顯示，「粉絲」數量在十萬至三十萬之間，報價為五百元／條至八百元／條；粉絲數量接近三十萬，報價一百元／條。以此類推，粉絲數量超過六十萬，報價二千元／條⋯⋯一系列灰色鏈條在這種蓬勃湧動的市場需求面前悄然成型。

灰色鏈條

「我們公司擁有中國多個微博平臺的草根ID，可以提供整合行銷方案，粉絲總數大約達到一億。」一名不願表露身分的網路行銷公司工作人員透露。這意味著除了位居各大微博草根榜單前列的ID，還有愈來愈多的草根都被「整合」起來參與微博行銷。

面對微博行銷的野蠻生長，期望走得更遠的平臺商會在制定遊戲規則的過程中變得更強勢嗎？

在打擊微博「水軍」和虛假廣告以淨化行銷環境的同時，副作用也在所難免——對象有可能是那些素人名微博主們。他們當中不乏專職經營者，有著明確的盈利壓力；也可能是那些希望從微博生長出來的經過VIP認證的企業。對於微博這類陌生的推廣平臺，稍有不慎，他們將有可能再也無法回到從前。

微博裏的社會心理學

我們透過微博瞭解的世界，會比真實世界更簡單，更多衝突，更不理性。

名人

名人在微博裏粉絲眾多，容易產生自己跟隨者眾多的錯覺，不自覺地高估了自己的影響力。其實很多粉絲是看熱鬧，不是跟隨者。因此名人在微博裏要格外警惕，一旦和別人口角，都會被當成鬧劇的主角而被長期圍觀。

朋友

兩人在微博上能否成為朋友遵循的還是現實世界的法則：一、社會階層相當的人容易相互認識，甚至可以跨領域；二、興趣相同、社會階層相近的人可以相互認識；三、有能力的人會被伯樂接受。

信用

微博其實也講信用，不論在微博裏說什麼，即使沒加V，只要不是馬甲，都會變成信用沉積下來。但在微博這樣迅速形成的社會中，信用如能具體化，將會使社會更加迅速地趨於穩定狀態。

時尚

微博的單向關係大大提高了資訊擴散的速度，而準實名制保證了資訊的信用，因而微博已經成為時尚資訊的重要傳播管道。在這樣的管道裏，你想要有多時尚是由你自己決定的。

傳播

微博裏的資訊傳播遵循和現實世界同樣的法則：負面資訊的傳播速度和廣度都超過正面資訊。接觸太多負面資訊，我們的心情和看問題的態度都會產生負向偏移。因此，微博的重度用戶容易對社會產生更加負面的認知。

過濾

在微博裏做誰的粉絲是我們的自由，我們只會粉自己有興趣的人，忽略自己沒興趣或不認同的人。這樣，我們在微博裏看到的是不完整的話題。

交友

微博裏按一個鍵就能加名人的關注，天天能看到名人在那裏聊天、打嘴架，下意識會覺得和他們很熟，如果附和兩句還得到了名人的回應，更是覺得自己已經是名人的朋友了。這時如果要求名人辦點事而名人不理自己，則容易對名人心生怨懟。其實名人是名人、自己是自己，離人近不代表是朋友！

認同

寫微博者的心態會受到評論者的綜合影響，支持者眾多，寫微博者的自我認同感會得到加強；但評論中的少數反對意見也容易給寫微博者造成受到微博整個群體反對的假象，因而降低其自我認同感。持社會公認的主流意見的人容易獲得認同，受到挑戰時也容易有人代為還擊，因此自我認同較高。

道德

道德的維繫依靠的是人類中腦系統的尾核和殼核——人的成癮性行為涉及的區域。當我們發現違反社會規則的行為未得到懲罰時會覺得不舒服，而一旦公正得以建立，我們都會產生類似使用興奮劑的快感。當懲罰違規者不產生自身代價時，懲罰行為最易出現。因此社群網路中易引發大規模道德聲討。

視角

微博和我們的五官一樣，是我們瞭解外部世界的窗口。和眼睛只能

接收可見光卻「看」不到真實物體一樣，微博反映的並不是完全真實的世界，而是我們微博好友的主觀意識和態度，即微博這個小社會的「集體無意識」。因此，我們透過微博瞭解的世界會比真實世界更簡單，更多衝突，更不理性。

失去微博，社會將會怎麼樣？

「存在的便是合理的」，微博從上線之日起便註定引發網路媒體的新一輪轉型：微博誕生，突破傳統整合思維，掀起網際網路碎片革命。如果失去微博，社會能否抵禦由此引發的網路世界二〇一二？

星巴克早在去年便攜手美國地理資訊與微博社交網站Foursquare，開始了進軍社交行銷的征途。用戶透過建立自己的四方虛擬社區，就可以進入區內星巴克咖啡店獲取「市長」稱號，進而享受一美元的折扣優惠。

星巴克此舉，是其繼多年前推出Starbucks Express咖啡「信用卡」無線預訂服務後，新拓展的微博行銷模式藍海戰略。中國商家對微博上高掛的市場肥肉也早已虎視眈眈，華誼兄弟便使電影《讓子彈飛》遍布各大即時發布平臺，更由此興起明星微博「通緝」的互推行銷模式。

如果微博一夜蒸發，星巴克的「微行銷」模式註定慘遭滑鐵盧；坐擁名導巨星的華誼或也彈盡糧絕；而二〇一一借力Facebook，醞釀全球虛擬甜蜜的Lacta也只能巧婦難為無米之炊。眾多企業已成為網路行銷的「圍脖控」，微博粉絲構成的泛關係體系是企業進行網路「最低成本的高效傳播」模式的推廣根基。

假若企業再無微博平臺，近乎零成本實現「四兩撥千斤」的行銷效果將永遠只是個傳說。

無論是全國兩會的強力直播，還是日本地震後的新聞首發，微博的社會角色早已不再局限於百無聊賴的網蟲流水賬，而承擔起更多「即時

新聞」播報的大眾媒體傳播功能。

大眾麥克風時代，公眾首要的新聞訴求，並非報導權威性，而是發布即時性。較之傳統媒體，微博的門檻標準低，是新聞爆點的頻發地；更省去編輯排版等繁瑣工序，精悍的一百四十個字即時分享讓微博在趨於碎片化的新聞態勢中，成為網友熱捧的「路邊社」和「即時新聞社」。如果說傳統媒體第一職責在於謹慎報導新近的社會事實；那麼微博承擔的責任則是即時揭露「當下」的社會事實。

如果失去微博，「鉛筆」何以藉姚晨的煙袋鍋換取「愛心校舍」？于建嶸怎攬「微博打拐」的順勢東風？彭高峰「微博尋子」的團圓結局是否會被現實改寫？微願景還能否借「草根代表」提上兩會議程？

……

即時、精簡、廣泛使微博成為新媒體時代一支特殊的新聞突擊隊，但微博目前還缺乏傳統媒體把關的嚴謹性與發布權威性。為此我們要做到：

一、規範資訊發布，微中慎言

中國的微博事業由於欠缺完善的規範體系，往往「微」機叢生，尤其是發布權威性與報導真實性頻頻受到新聞專業主義的拷問。提升微博準入標準，建立微博發布規範，才能使「路邊社」褪卻「虛假新聞工廠」的行業惡名。

二、強化社會功能，微中窺大

玩微博是浪費時間，不玩微博是浪費生命。微博不同於個人網誌與空間，它更是一個觀察社會的顯微鏡。因此，微博承載的將是更具社會性的媒介角色。直擊社會時事、深入追蹤熱點、全面剖析事實，這些功能都將是娛樂性微博走向社會化進程中，務必實現的媒介功能。

三、提升公民意識，微中承責

姚晨、王菲等大批明星幾乎成為微博公益的代名詞：「鉛筆換校

舍」、「幫助小陽鑫」、「地震援助」等眾多激發廣大網友公眾意識的公益項目成功上線，這些都要歸功於極具即時廣泛傳播特點的微博。作為最佳的線上公益平臺，微博將開啟全民「微公益」時代。

微博改變未來：你也可以這樣成功

作者：閆岩
出版者：風雲時代出版股份有限公司
出版所：風雲時代出版股份有限公司
地址：105台北市民生東路五段178號7樓之3
風雲書網：http://www.eastbooks.com.tw
官方部落格：http://eastbooks.pixnet.net/blog
Facebook：http://www.facebook.com/h7560949
信箱：h7560949@ms15.hinet.net
郵撥帳號：12043291
服務專線：(02)27560949
傳真專線：(02)27653799
執行主編：朱墨菲
內文校對：趙阡宇
內文排版：楊佩菱
美術編輯：風雲編輯小組
法律顧問：永然法律事務所 李永然律師
　　　　　北辰著作權事務所 蕭雄淋律師
版權授權：台海出版社
初版日期：2012年3月

ISBN：978-986-146-845-7

總 經 銷：成信文化事業股份有限公司
地　　址：台北縣新店市中正路四維巷二弄2號4樓
電　　話：(02)2219-2080

行政院新聞局局版台業字第3595號 營利事業統一編號22759935

原價：199元　　　　版權所有　翻印必究

國家圖書館出版品預行編目資料

微博改變未來：你也可以這樣成功／閆岩主編. -- 初版
臺北市：風雲時代，2012.01 -- 面；公分

　ISBN 978-986-146-845-7（平裝）

1.部落格　2.網路社群　3.成功法
312.1695　　　　　　　　　　　100025853